U0907973

一碗汤

吴云虎◎编著

中医古籍出版社
Publishing House of Ancient Chinese Medical Books

图书在版编目（CIP）数据

一碗汤 / 吴云虎编著. -- 北京 : 中医古籍出版社, 2025. 2. -- ISBN 978-7-5152-2982-9

Ⅰ. TS972.122

中国国家版本馆 CIP 数据核字第 2025VG7839 号

一碗汤

吴云虎　编著

策划编辑　姚　强
责任编辑　李　炎
封面设计　韩月朝
出版发行　中医古籍出版社
社　　址　北京市东城区东直门内南小街 16 号（100700）
电　　话　010-64089446（总编室）010-64002949（发行部）
网　　址　www.zhongyiguji.com.cn
印　　刷　北京一鑫印务有限责任公司
开　　本　640mm×910mm　1/16
印　　张　10
字　　数　144 千字
版　　次　2025 年 2 月第 1 版　2025 年 2 月第 1 次印刷
书　　号　ISBN 978-7-5152-2982-9
定　　价　69.00 元

一煲好汤，滋养全家。汤是中国人餐桌上必不可少的角色，喝汤是中国人自古延续至今的饮食传统，也是公认的最好的滋补养生方式。千百年来，中国人采用煲汤的方式，充分利用自然食材、药材的补益功效，通过时间和火候的作用，把食物的营养“煲”入汤中，将汤变为盛在碗里的美味“营养师”，有效地营养脏腑、滋润关节、补虚健体。

汤的种类很多，有清爽开胃的蔬菜汤、营养丰富的畜肉汤、滋补身体的禽肉汤，不同的汤品带给人不同的营养与享受。蔬菜汤采用日常生活中常见的蔬菜，或单一煮制，或混合搭配制成，能够开胃消食、清理体内杂质，其中的各种营养素也最易被人体吸收，深受素食者的欢迎。畜肉汤则浓香四溢，营养丰富。好的肉汤肉味浓厚不油腻，色泽怡人，因为制作中已经汆去了杂质而更加健康。禽肉汤是日常生活中的重要补品，人在病后或者产后总是特别青睐禽肉汤带来的滋补效果。禽肉汤不仅有补血作用，更有补气作用，对体弱者再适合不过了。

经常喝汤，益处多多。研究表明，汤中的营养成分更容易被人体吸收，且不易流失。早餐喝汤，可以润肠养胃，迅速补充夜间代谢掉的水分，促进废物排泄；饭前喝汤，可以增加饱腹感，从而减少食物的摄取量，达到瘦身减肥的效果；春秋季节喝汤，可以驱走寒冷，增强机体免疫力。对于老年人、小孩、肠胃不好的人、术后调养的人以及孕产期妇女，喝汤更是有百利而无一害。一碗色香味俱佳的好汤，不仅可以滋润肠胃、补益身体、守护健康，更能让家人在品味美食的同时享受天伦之乐。

喝汤是一门学问，多喝菜汤解疲劳，多喝骨汤抗衰老，多喝鸡汤防感冒。根据中医理论，无论是荤汤还是素汤，“对症喝汤”都可以达到滋补养生的功效。每个人根据自己的身体状况选择合适的汤品，就能用好喝又有食疗功效的汤有针对性地进行调养。

那么，如何才能烹制出美味又滋补的营养汤呢？本书根据常见食材细分为清爽蔬菜汤、营养畜肉汤、滋补禽肉汤，堪称家常美味汤煲大全。书中先介绍了煲汤的基本知识，包括家常煲汤常用食材的食性、煲汤用具的选择、煲汤原料的处理方法等，让您轻松入门。书中每道汤品都将蔬菜、畜类、禽类食材和调料、药材巧妙搭配，材料、调料、做法面面俱到，语言通俗易懂，分步详解的烹饪步骤清晰明了，同时配以海量精美的分步图片和成品图，读者可以一目了然地了解汤品的制作方法。即使没有任何经验，也能按照书中的指导煲出美味健康的滋补养生汤。

健康的身体需要平时的调养呵护，本书一定会为您的餐桌增添色彩，为您的生活增添暖意，让您及家人喝出健康与活力。

第一章 煲一碗好汤

第二章 清爽蔬菜汤

第三章 营养畜肉汤

第四章 滋补禽肉汤

第一章

煲一碗好汤

煲汤，是将各种营养素丰富的食材原料放在锅中长时间熬煮，使原料中的各种营养物质溶解于水中，制成鲜美的汤，以供烹调或食用。汤是烹制菜肴必不可少的调味品，汤的质量好坏对菜肴的影响很大，特别是鱼翅、海参、燕窝等珍贵而本身又没有鲜味的原料，全靠精制的汤提鲜增味。汤还是餐点中不可或缺的部分，它既能增进人们的食欲，还能润口润胃。因此，煲汤是一项很重要的工作。本章将为大家介绍一些和煲制汤品有关的小窍门。

选好器具煲靓汤

◎工欲善其事，必先利其器，制作一煲好汤当然需要适当的器具。下面将为大家介绍煲汤常用的各种器具。

漏勺

漏勺是做饭用的工具，勺子形状，中间有很多小孔。漏勺可用于食材的汆水处理，多为铝制 。煲汤时可用漏勺取出汆水的肉类食材，方便快捷。

滤网

滤网是制作高汤时必须用到的器具之一。制作高汤时，常有一些油沫和残渣，滤网便可以将这些细小的杂质滤出，让汤品既美味又美观，可在煲汤完成后用滤网滤去表面油沫和汤底残渣。

汤勺

汤勺可用来舀取汤品，有不锈钢、塑料、陶瓷、木质等多种材质。煲汤时可选用不锈钢材质的汤勺，耐用，易保存。塑料汤勺虽然轻巧隔热，长期用于舀取过热的汤品，可能产生有毒化学物质，不建议长期使用。

汤锅

汤锅是家中必备的煲汤器具之一。有不锈钢和陶瓷等不同材质，可用于电磁炉。若要使用汤锅长时间煲汤，一定要盖上锅盖慢慢炖煮，这样可以避免过度散热。

瓦罐

地道的老火靓汤煲制时多选用质地细腻的砂锅瓦罐，其保温能力强，但不耐温差变化，主要用于小火慢熬。新买的瓦罐第一次使用应先煮粥或锅底抹油放置一天后再洗净煮一次水，经过这道开锅工序的瓦罐使用寿命更长。

高压锅

高压锅在煲汤时，温度可达120℃以上，食物中的维生素B_1、维生素B_2及烟酸因不耐高温会损失50%以上。食物中的蛋白质、脂肪及淀粉的损失则是极少的，经过高压，更便于人体消化吸收。

煲汤调料知多少

◎煲汤在使用配料时，也有诀窍。正确使用配料可以使汤品鲜香可口、营养丰富，还可以增进食欲。以下介绍几种煲汤中经常使用的配料。

食盐

食盐是烹调时最重要的调味料，能给菜肴提供适当的咸度，增加菜肴的风味，还能使蔬菜脱水，适度发挥防腐作用。在汤里添加适量的盐，可以维持人体的水和电解质平衡、酸碱度平衡，有益胃酸形成，促进消化，特别是对于维持神经肌肉的兴奋性，盐是不可或缺的调味料。

糖

糖能引出蔬菜中的天然甘甜，使汤品更加鲜美。糖更是水果甜汤中必不可少的调味料，有滋阴润肺的效果。

醋

白醋能除去汤中蔬菜根茎的天然涩味，略煮可使酸味变淡；米醋里含有的多种氨基酸、酵解酶类以及不饱和脂肪酸，能够促进人体肠道蠕动，降血脂，排出毒素，维持肠道内环境的菌群平衡；乌醋则不宜久煮，于起锅前加入即可，以免香味散去。

酒

汤中通常使用米酒、黄酒及高粱酒，主要作用为去腥，能加速发酵及杀死发酵后产生的不良菌。特别是烹调鱼、肉类时添加少许酒，既能去腥，又能提鲜。

葱姜蒜

葱、姜、蒜味道辛香，常用于爆香、去腥，能去除材料的生涩味或腥味，并提升汤品鲜味。

红辣椒

红辣椒可增加汤品的辣味，并使汤品的色彩更鲜艳。它的作用与葱、姜、蒜相当，但其更为刺激的独特辣味，是使人开胃的大“功臣”。

花椒

花椒亦称川椒，炒香后磨成的粉末即为花椒粉，能散发出特有的“麻”味，是增添汤品香气的必备配料。

五香粉

五香粉包含桂皮、大茴香、花椒、丁香、甘草、陈皮等香料，味浓，煲汤时宜酌量使用，以免盖住汤品的原本鲜味。

适合春季使用的煲汤食材

◎春季气温变化大，容易过敏、上火，出现咽喉干、嗓子疼等症状，适宜吃一些温补及清热的汤品。

《黄帝内经》说：“春三月，此谓发陈。天地俱生，万物以荣。早卧早起，广步于庭。被发缓形，以使志生。生而勿杀，予而勿夺，赏而勿罚。此春气之应，养生之道也，逆之则伤肝。”

春季阳气初生，天气转暖而阴寒未尽，万物萌生，人的阳气也得以生发。经过冬季的进补和春节期间的肥甘美食，导致脂肪积滞，因此要食用清淡的食物。春季生发之气是夏长之气的基础，所以在春季生发阳气是一年健康的基础，在饮食上，可以吃一些温补阳气的食物，如豆类、花生、蛋类、鱼类等。晚春气温偏高，应增加蔬菜的摄入量，减少肉类的食用，以补充维生素和去除体内火气。

南方地区春季正是雨量增多、空气潮湿、天气变化无常的时候，需要加强对脾胃的养护，可多吃大枣、山药、胡萝卜、莲子等食物，防止脾胃虚弱，还需要多吃利湿的食物，如红豆、冬瓜等。

以下简单介绍一些宜于春季煲汤的食材。

山药

山药可改善消化系统，减少皮下脂肪堆积，避免肥胖，且能增强身体的免疫功能。春季适量食用山药可在一定程度上增强体质，预防过敏。山药生食或煲汤，排毒效果最好，饭前或饭后食用均具有健胃整肠的功效。

红豆

春季食用红豆，可以润补精气，提升自身活力。红豆富含维生素B_1、维生素B_2、蛋白质及多种矿物质，有补血、利尿、消肿等功效。另外，其纤维有助于排泄体内盐分、脂肪等废物。红豆富含铁质，能使气色红润。多摄取红豆，还有补血、促进血液循环、增强体力和抵抗力的效果。

胡萝卜

医学研究表明，体内缺乏维生素A是春季患呼吸道感染性疾病的一大诱因。缺乏维生素A还会导致免疫功能下降。在众多的食物中，最能补充维生素A的当数胡萝卜。胡萝卜中含的β-胡萝卜素能有效预防花粉过敏症、过敏性皮炎等过敏反应。需要注意的是，β-胡萝卜素是一种脂溶性物质，最好使用油类烹熟，凉热皆可。

花生

花生含有碳水化合物、多种维生素以及卵磷脂和钙、铁等20多种微量元素，对儿童、青少年提高记忆力有益，对老年人有滋养保健之功。花生具有健脾和胃、润肺化痰、清喉补气、通乳、利肾去水、降压止血之功效，可用于治疗因阴虚阳亢而导致的高血压。

白萝卜

白萝卜有很好的利尿效果，其所含的纤维素可促进排便，利于减肥。如果想利用白萝卜来排毒，则适合生食。另外，鲜美多汁的白萝卜既能行气助消化，还能清热生津、顺气化痰，春季上火不妨吃点儿白萝卜。

红枣

红枣营养丰富，既含蛋白质、脂肪、粗纤维、糖类、有机酸、黏液质和钙、磷、铁等，又含有多种维生素，故有“天然维生素丸”之美称。红枣味甘性温，有补中益气、养血安神的功效，可用于脾胃虚弱、贫血虚寒、食欲不振、疲乏无力、气血不足、津液亏损、心悸失眠等症，是药食两用的食物。

适合夏季使用的煲汤食材

◎炎热的夏季会令人食欲下降，此时煲汤不仅需要刺激人的食欲，令人胃口大开，还要有效地补充微量元素，使人精力充沛。

《摄养论》中提到：“四月，肝脏已病，心脏渐壮，宜增酸减苦，补肾助肝，调胃气。”“五月，肝脏气休，心正旺，宜减酸增苦，益肝补肾，固密精气。”“六月，肝气微，脾脏独王，宜减苦增咸，节约肥浓，补肝助肾，益筋骨。”

夏季是一年中阳气最旺的季节，炎热而万物成长，人体新陈代谢也随之旺盛。此时应多吃酸味的食物以固表，多吃咸味的食物以补心。此外，在这个时节，用芹菜、苦瓜、藕制作的各式煲汤菜都是消暑的佳品，但不可以吃得过多。夏季也是各种病菌的活跃期，在煲汤时应适当加入一些可以杀菌的配料，如大蒜、韭菜、葱、洋葱等。

初夏时节要多吃酸味的食物，少吃苦味的食物，可以选择清淡平和、清热利湿的食物以补心养肺，如西红柿、玉米、花生、冬瓜、芹菜等。

夏末，人体肝肾衰弱、脾脏旺盛，应多吃苦味、咸味食物。因为炎热会使人出汗过多，要多吃新鲜多汁的瓜果、蔬菜、豆类、奶类、蛋类，以满足机体损耗。此时宜多吃清热消暑的食材，忌食寒凉食物、辛辣香燥、刺激性食物。

藕

《本草纲目》称藕为“灵根”，常常食用能“令人心欢”。莲藕生吃与熟吃的药用价值有所不同。生藕性寒，甘凉入胃，有清热凉血的作用。将藕略焯水，煲汤吃或直接吃对治疗热性病症有很好的食疗效果，在一定程度上能清烦热、止呕渴、开胃，还能预防鼻出血和牙龈出血。莲藕煮熟后其性由凉变温，能促进食欲，是补脾、养胃、滋阴的佳品。

玉米

玉米含蛋白质、糖类、钙、磷、铁、硒、镁、胡萝卜素、维生素E等营养素，具有开胃益智、宁心活血、调理中气等功效。用玉米煲汤还能降血脂，对于高脂血

症、动脉硬化、心脏病患者有助益，并可延缓人体衰老、预防脑功能退化、增强记忆力。

鸡蛋

鸡蛋中含有多种维生素和氨基酸，比例与人体很接近，利用率达99.6%。鸡蛋中的铁含量尤其丰富，是人体摄入铁的良好来源，亦是小儿、老人、产妇以及肝炎、结核、贫血、手术后恢复期患者的良好补品。鸡蛋还有清热、解毒、消炎、保护黏膜的作用，可用于辅助治疗食物及药物中毒、咽喉肿痛、失声、慢性中耳炎等疾病。

苦瓜

苦瓜性寒味苦，有降邪热、解疲乏、清心明目、益气壮阳之功效。苦瓜中含有类似胰岛素的物质，有明显的降血糖作用。它能促进糖分分解，使人体内过剩的糖分转化为热量，改善体内的脂肪平衡。糖尿病患者可将苦瓜干随茶同饮，效果奇佳。

冬瓜

冬瓜有良好的清热解暑功效。夏季多吃些冬瓜，不但解渴、消暑、利尿，还可使人免生疔疮。因其利尿，且含钠极少，所以是慢性肾炎水肿、营养不良性水肿、孕妇水肿的消肿佳品。冬瓜含有多种维生素和人体所必需的微量元素，可调节人体的代谢平衡。

西红柿

西红柿含有丰富的钙、磷、铁、胡萝卜素及B族维生素和维生素C，生熟皆能食用，味微酸适口。西红柿能生津止渴、健胃消食，故对口渴、食欲不振有很好的辅助治疗作用。西红柿汁多，对肾炎患者有很好的食疗作用。西红柿还有美容效果，常吃可使皮肤细滑白皙，延缓衰老。西红柿富含番茄红素，具有抗氧化的作用。

适合秋季使用的煲汤食材

◎气温渐低的秋天，是人们选择进补的时节。秋季可适当地饮用汤品对身体降燥，这样更有利于身体健康。

秋季应有选择地食用汤品，防止滋生“内热”。秋季空气干燥，人体活动量相对不足，容易造成体内积热不能适时散发。如果再过多地食用羊肉、狗肉等温热性食物，很容易出现体内蕴热的现象。因此，有选择地吃点儿“凉”的食物，可以提高人体对寒冷的抵御能力，不但对身体无害，反而有益。秋季也是呼吸系统疾病的高发期，可多食用银耳、芝麻、豆类、乳类等养胃生津，滋阴润肺。

对于肠胃健康的人来说，秋季适当地喝些凉白开水，吃些凉性食物，如白萝卜、莲子、黄瓜等，既能给身体清凉降火，还能迫使身体在消化时自我取暖，多消耗一些脂肪，对减肥有利。脾胃虚弱的人，秋季则不宜食用寒凉的食材，也不宜过多食用较热的食材，可以将热性的食物以煲汤的形式烹饪，去除食材中的温燥之性，健康进补。

日常生活中的凉性食物很多，这些食物在制作成汤品时，最好搭配温性食物一起烹饪。

黄瓜

黄瓜被称为“厨房里的美容剂”。它含有人体生长发育所必需的多种糖类和氨基酸，以及丰富的维生素，经常食用或贴在皮肤上，可有效地对抗皮肤老化，减少皱纹。黄瓜的主要成分为葫芦素，既有抗肿瘤的作用，也有很好的降血糖作用。

银耳

银耳能提高肝脏的解毒能力，保护肝脏功能，它不但能增强机体的免疫能力，还能增强肿瘤患者对放疗、化疗的耐受力。银耳也是一味滋补良药，其滋润而不腻滞，具有补脾开胃、益气清肠、安眠补脑、养阴清热、润燥的功效，对阴虚火

旺不受参茸等温热品滋补的患者来说是一种很好的补品。银耳富含天然的胶质，加上它的滋阴作用，长期食用可以润肤，并有去除脸部黄褐斑、雀斑的功效。

青豆

青豆富含B族维生素、铜、锌、镁、钾、纤维素、杂多糖类。青豆不含胆固醇，可预防心血管疾病。青豆还富含不饱和脂肪酸和大豆磷脂，有保持血管弹性、健脑和防止脂肪肝形成的作用。

田螺

田螺肉含蛋白质、脂肪、糖、无机盐、烟酸及维生素A、维生素B_1、维生素B_2，还富含维生素D。中医认为，田螺性味甘、大寒，无毒，入心、脾、膀胱经，具有清热、明目、利尿等功效，主治中耳炎、婴儿湿疹、热疮肿毒、温病呕吐、胃痛反酸、小儿软骨病等症。

虾

虾肉具有味道鲜美、营养丰富的特点，其钙的含量为各种动植物食品之冠，特别适宜于老年人和儿童食用。经常食用虾，可延年益寿。虾皮和虾米中含有丰富的钙、磷、铁等矿物质。其中，钙是人体骨骼的主要组成成分，每天吃50克虾皮，就可以满足人体对钙质的需要；磷有促进骨骼、牙齿生长发育，加强人体新陈代谢的作用；铁可协助氧的运输，能预防缺铁性贫血；烟酸可促进皮肤和神经健康，对舌炎、皮炎等症有防治作用。

梨

梨水分充足，富含多种维生素、矿物质和微量元素，能够帮助器官排毒，还能软化血管、促进血液循环和钙质的输送、维持机体的健康。梨能促进食欲，帮助消化，并有利尿、通便和解热作用，可用于高热时补充水分和营养。煮熟的梨有助于肾脏排泄尿酸和预防痛风、风湿病和关节炎。秋季气候干燥时，人们常皮肤瘙痒、口鼻干燥、干咳少痰，每天吃一两个梨可解秋燥，有益健康。

适合冬季使用的煲汤食材

◎冬季的汤品有补充人体热量和营养的作用，且冬季寒凉，非常适合进补，这时选择高热量、高营养的食材煲汤也不怕进补过度了。

《素问·四气调神大论》中说："冬三月，此谓闭藏。水冰地坼，无扰乎阳。早卧晚起，必待日光。使志若伏若匿，若有私意。若已有得，去寒就温。无泄皮肤，使气亟夺。此冬气之应，养藏之道也。逆之则伤肾，春为痿厥。奉生者少。"

冬季，是人体进补的最佳季节，可以多食用生姜等温补食材，少食咸、多食苦，以达到助心阳、藏热量的目的。可以选择萝卜、白薯、肉类等热量较高的食物，忌食黏硬、生冷的食物。

冬季初始，应该补气。"春夏养阳，秋冬养阴。春温清淡；夏热甘凉；秋季生津；冬季温热。"秋冬养阴，应养肾防寒，宜食用豆类、奶类、芝麻、木耳、红薯、花生等温热性食物。此时选择食物还需防上火，以及遵循"寒则温之，虚则补之"的原则。

冬季末期，应该补肾。此时阳气内藏，人体能量不断蓄积。冬季人体的消化能力也比较强，适当进补可以提高免疫力，还可以在人体内储存滋补食物中的有效成分，为第二年春季甚至整年打下良好的物质基础。这个时节进补可以扶正固本、培养元气，但是进补也要因人而异。气虚的人应吃番薯、黄豆、花生、南瓜、山药等，忌食生冷寒凉、破气耗气、油腻辛辣的食物。血虚的人可以食用各种动物肝脏，忌食凉性的食物。

猪腰

猪腰含有蛋白质、脂肪、碳水化合物、钙、磷、铁和维生素等，有健肾补腰、和肾理气之功效。中医认为，猪腰性味咸、平，归肾经，具有补肾益精、利水的功效。

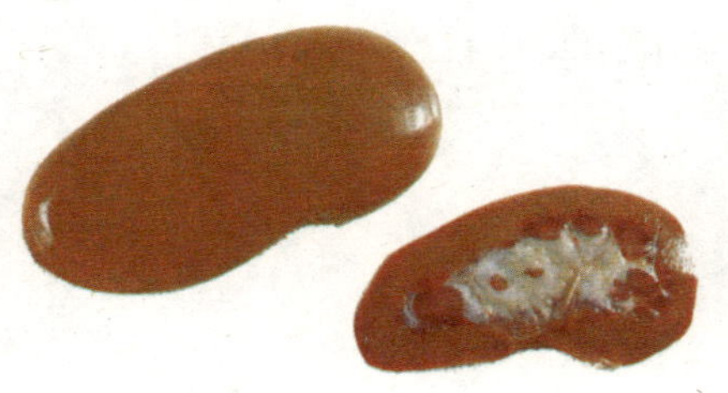

牛肉

牛肉的氨基酸组成比猪肉更接近人体需要，能提高机体抗病能力，对生长发育及术后、病后调养特别适宜。牛肉高蛋白、

低脂肪的特点，宜于减肥，预防动脉硬化、高血压和冠心病。

羊肉

羊肉历来作为冬季进补的重要食材之一，中医认为“人参补气，羊肉则善补形”。寒冬常吃羊肉，可促进血液循环，增强御寒能力。羊肉含有丰富的蛋白质、脂肪，还含有维生素B_1、维生素B_2及钙、磷、铁、钾、碘等矿物质，营养十分全面。羊肉的脂肪溶点为47℃，而人的体温为37℃，所以吃了羊肉后脂肪也不会被人体吸收，不会导致发胖。

豆腐

豆腐的蛋白质含量比大豆高，而且豆腐蛋白属完全蛋白，不仅含有人体必需的8种氨基酸，而且比例也接近人体需要，营养价值高。豆腐还含有脂肪、碳水化合物、

维生素和矿物质等。豆腐中的大豆卵磷脂有益于神经、血管、大脑的发育生长，比起吃动物性食品或鸡蛋来补养、健脑，豆腐有更大的优势，因为豆腐在健脑的同时，其所含的豆固醇还抑制了胆固醇的摄入。

鸡肉

鸡肉富含蛋白质、脂肪、碳水化合物、维生素B_1、维生素B_2、烟酸、钙、磷、铁、钾、钠、氯、硫等营养成分，有温中益气、补精填髓、益五脏、补虚损的功效。冬季多喝鸡汤可提高人体免疫力。

各式汤品的基础制法

◎汤是家常菜肴中不可或缺的一道风景，如何煲汤、怎样煲汤既营养科学又美味，是厨房新手和老手都需要学习的。

蔬菜汤的制作方法

①将蔬菜洗净，去除农药残留。淘米水呈碱性，将蔬菜放在淘米水中浸泡5～10分钟，再用清水洗净，对农药有消解作用；有的瓜果蔬菜表面有一层蜡质，烹饪前尽量先削皮。②蔬菜味道比较清淡，可以用高汤来煮。③蔬菜水分多，非常易熟，所以煮汤的时间不需要太久，几分钟即可。④快出锅时加盐调味，就可以饮用了。

猪骨汤的制作方法

①清水烧开，把洗净的猪骨入锅汆水，将血沫和污物捞除，以免影响口感。②将处理干净的猪骨与煲汤用的其余配料（山药、胡萝卜、玉米等）依次放入汤煲中，慢火煲2小时。③放配料的时间与配料的易熟度有关，如胡萝卜、苦瓜等可后放。④猪骨汤本身就带有浓郁的香味，调味料只需加入盐即可。

老鸡汤的制作方法

①在炖老鸡的汤里，放入一两把黄豆同煮，鸡肉更易烂。②老鸡宰杀前先灌一汤匙醋，炖煮时可烂得快些。③在炖老鸡的汤里放几粒凤仙花籽或三四个山楂，也可加快烂熟。④老的鸡、鸭、鹅都很难煮酥烂，只需取猪胰一块，切碎后与老禽同煮，就容易煮酥烂，而且汤鲜入味。⑤煮熟后加少量盐调味即可。

煲好老火靓汤的关键

◎老火靓汤很好喝，制作也没有想象中难，要想煲好一锅美味与营养兼备的老火靓汤，一定要注意以下七个关键。

主料调料巧搭配

花椒、生姜、胡椒、葱等常用的调味料，都起去腥增香的作用，煲汤时一般都是少不了的。而针对不同的主料，需要加入不同的调味料，比如烧羊肉汤，由于羊肉膻味重，若调料不足，煲出来的汤就是涩的，这就要多加姜片和花椒了。但调料多了也有不好的地方，就是容易产生太多的浮沫，需要耐心地将浮沫撇掉。

选择适合的配料

一般来说，不同的季节应加入不同的时令蔬菜作为配料。比如炖酥肉汤的话，春夏季就加菜头，秋冬季就加白萝卜。而对于某些比较特殊的主料，就需要加特别的配料。比如，牛羊肉吃了容易上火，就需要加去火的配料，这时，萝卜就是比较好的选择了。

原料需冷水下锅

制作老火靓汤的原料一般都是整只、整块的动物性原料，将其投入沸水中，原料表层细胞因骤受高温易凝固，会影响原料内部蛋白质等物质的析出，成汤的鲜味便会不足。故煲老火靓汤讲究“一气呵成”，不应中途加水，因这样会使汤水温度突然下降，蛋白质突然凝固，不能充分溶解于汤中，也有损汤的美味。

注意加水的比例

骨头中含的类黏朊物质最为丰富，如牛骨、猪骨等，煲汤时可把骨头砸碎，按1：5的比例加水小火慢煮。切忌用大火猛烧，也不要中途加冷水，因为那样会使骨髓中的类黏朊物质不易溶解于水中，从而影响营养的析出。

汤面浮沫要撇净

打净浮沫是提高老火靓汤质量的关键。如煲猪蹄汤、排骨汤时，汤面常会出现很多浮沫，这些浮沫主要来自原料中的血红蛋白。当水温达到80℃时，动物性原料内部的血红蛋白不断向外溢出，汤的温度可能已达90℃～100℃，这时打浮沫最为适宜。可以先将汤上的浮沫撇去，再加入少许白酒，不但可分解泡沫，还能提升汤的色、香、味。

适时投放调味料

制作老火靓汤时常用葱、姜、料酒、盐等调味料起去腥、解腻、增鲜的作用。煲汤时要先放葱、姜、料酒，最后放盐。因过早地放盐，会使原料表面蛋白质凝固，影响鲜味物质的析出，同时还会破坏析出蛋白质分子表面的水化层，使蛋白质沉淀，汤色变灰暗。

充分掌握好火候

大火：大火是以汤中央起“菊花心——像一朵盛开的大菊花”为度，每小时消耗水量约20%。煲老火靓汤，主要采取大火煲开、小火煲透的方式。

小火：小火是以汤中央呈“菊花心——像一朵半开的菊花心”为准，每小时消耗水量约10%。

肉类原料经不同的传热方式受热以后，热量由表面向内部传递，称为原料自身传热。一般肉类原料的传热能力都很差，大多是热的不良导体。因此，在烧煮大块的鱼、肉时，应先用大火烧开，再改小火慢煮，原料才能熟透入味。此外，原料中还含有多种酶，酶的催化能力很强，其最佳活动温度为30℃～65℃。因此，用小火慢煮有利于酶在其中进行分化活动，使原料变得软烂。

利用小火慢煮肉类原料时，肉中可溶于水的肌溶蛋白、肌肽肌酸、肌酐和少量氨基酸等会被溶解出来。这些含氮物浸出得越多，汤的味道越浓，也越鲜美。

另外，小火慢煮还能保持原料的纤维组织不受损，使菜肴形态完整。同时，还能使汤色澄清，醇正鲜美。如果采取大火猛煮的方法，原料表面蛋白质会急剧凝固、变性，并不溶于水，导致含氮物质溶解过少，鲜香味降低，肉中脂肪也会溶化成油，使皮、肉散开，挥发性香味物质及养分也会随着高温而蒸发掉。还会产生汤水耗得快、原料外烂内生、中间补水等问题，导致烹制时间延长，菜品质量降低。

至于煲汤时间，有个口诀是“煲三”“炖四”。因为煲与炖是两种不同的烹饪方式。煲是直接将锅放于炉上焖煮，约煮三小时以上；炖则以隔水蒸熟为原则，时间约为四小时以上。煲汤会使汤汁愈煮愈少，食材也较易酥软散烂；炖汤则是原汁不动，汤头较清不混浊，食材也会保持原状，软而不烂。

煲汤达人高招大放送

◎不同的人煲同一种汤，味道是不一样的。下面为大家介绍一些煲汤的小窍门，相信对煲好一锅美味的汤会有很大的帮助！

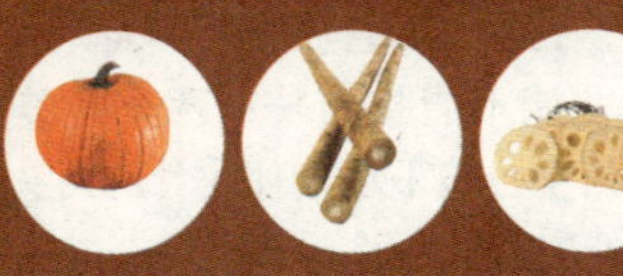

原汤、老汤的应用

煲汤时要善用原汤、老汤，没有原汤就没有原味。将排骨放入开水锅内汆水所用之水，就是原汤。如嫌其浑浊而倒掉，就会使排骨失去原味，如将此汤煮开除去浮沫污物，再炖排骨，才能真正炖出原味。

使汤更有营养的六项法则

第一是懂药性。比如煲鸡汤时，想健胃消食，就加肉蔻、砂仁、香叶、当归；想补肾壮阳，就加山芋肉、牡丹皮、泽泻、山药、熟地黄、茯苓；想滋阴，就加红枣、黄芪、当归、枸杞子。

第二是懂肉性。煲汤一般以肉类原料为主，如乌鸡、三黄鸡、鱼、排骨、龙骨、猪脚、羊肉、牛骨髓、牛尾、狗脖、羊脊等，而肉性各不相同，有的发、有的酸、有的热、有的温，故入锅前处理方式也不同，入锅后火候也不同，需要多少时间也不同。

第三是懂辅料。常用煲汤辅料有霸王花、霉干菜、海米、花生、枸杞子、西洋参、草参、银耳、木耳、红枣、八角、桂皮、小茴香、肉豆蔻、草果、陈皮、鱿鱼干、紫苏叶等，搭配也有讲究，入锅也有早晚。

第四是懂配菜。大家很少仅靠喝汤解决一餐，还要吃其他菜，但有的会相克。比如喝羊肉汤不宜吃韭菜、喝猪脚汤不宜吃松花蛋与蟹类。

第五是懂装锅。一般情况下，水与汤料的比例为2.5：1，猛火烧开后撇去浮沫，微火炖至汤余50%～70%即可。

第六是懂入碗。根据不同的汤性，有的是先汤后肉，有的是汤与料同食，有的是先料后汤，有的是喝汤弃料，符合要求就能最大限度发挥作用，反之则影响效果。

煲腔骨防止骨髓流失的窍门

煲腔骨汤时，如果煲的时间太长，骨髓就会流出，导致营养流失；煲的时间过短，腔骨中的营养素又不能充分溶解到汤中。能不能找到一个两全其美的办法呢？用生白萝卜块堵住腔骨的两头，这样骨髓就流不出来了。

煲骨头汤无骨渣的方法

骨头汤好喝，可汤中却难免有骨渣，让人很不便。要想没有骨渣，可用手工钢锯把骨头锯断。一般在需要锯断的地方先用菜刀把肉切开，再用钢锯按所需长度去锯骨头，既轻巧又快速。用钢锯锯骨头，没有一点儿骨渣，仅有极少的骨末。锯得愈小，骨油溢出越多，汤也会越煮越鲜。

使骨汤富含钙质的诀窍

熬骨汤时加进少量的食醋，可大大增加骨中钙质在汤水中的溶解度，成为真正的多钙补品。用清水熬骨汤，只能从骨的钙质——羟基磷灰石中“熬出”几十毫克的钙离子，因羟基磷灰石极难溶解于水，而加入食醋后，食醋与骨中的钙发生化学反应，生成较易溶解的醋酸钙，其溶解度是未加食醋时骨钙的一万六千多倍。

炖鸡要后放盐

炖鸡如果先放盐，会直接影响鸡肉、鸡汤的口味、特色及营养素的保存。这是因为鸡肉含水分较高，有的高达65%～90%，而盐具有脱水作用，如果在炖制时先放盐，鸡肉浸泡在盐水中，会使鸡肉组织中的细胞水分向外渗透，蛋白质被凝固，鸡肉组织明显收缩变紧，影响营养向汤中释放，妨碍汤汁的浓度和质量，炖熟后的鸡肉也会变硬、变老，汤变得无香味。因此，炖鸡的正确放盐法是将炖好的鸡汤降温至80℃～90℃，再加适量的盐，这时鸡汤及肉质口感最好。

汤煲得太咸如何补救

做汤过程中，一不小心盐放多了，汤变得很咸。硬着头皮喝吧，实在难入口；倒掉吧，又可惜，怎么办呢？只要用一个小布袋，里面装进一把面粉或者大米，放在汤中一起煮，咸味很快就会被吸收，汤自然就变淡了。也可以把一个洗净去皮的生

土豆放入汤内煮5分钟，汤亦可变淡。

汤煲得过油如何补救

有些含脂肪较多的原料煮出来的汤特别油腻，有以下几种补救方法：

一、使用滤油壶把汤中过多的油分滤出去。

二、将少量紫菜置于火上烤一下，然后撒入汤内，紫菜可吸去过多油脂。

三、用一块布包上冰块，从油面上轻轻掠过，汤面上的油就会被冰块吸走。冰块离油层越近，越容易将油吸干净。

四、在煲汤时放入几块新鲜橘皮，可以大量吸收油脂，汤喝起来就没有那么油腻，而且更加美味可口。

煲汤食材的选择窍门

如果身体火气旺盛，就要选择性甘凉的食材，如绿豆、薏米、海带、冬瓜、莲子，以及剑花、鸡骨草等清火、滋润类的中草药；如果身体寒气过剩，就应选择一些热性的汤料，如人参。冬虫夏草、人参之类的中草药在夏季是不宜入汤的，即使在秋冬季，滋阴壮阳类的中草药，也不适合年轻人和小孩子。

煲汤配药材小技巧

有食疗功效的汤，是以中医理论为指导，既要考虑到中药的性味和功效，也要考虑到食物的性味和功效，二者必须相一致、相协调，不可反之。如辛热的附子不宜配甘凉的鸭子，而宜与甘温的食物配伍，附子羊肉汤即是；清热泻火的生石膏不宜与温热的狗肉配伍，而宜与甘凉的食物配伍，豆腐石膏汤即是。食物中属平性者居多，平性之品，配热则热，配凉则凉，随药物之性而转变，这就大大方便了药食配伍的选择。

陈年瓦罐煨汤效果好

瓦罐是由不易传热的石英、长石、黏土等原料配成的陶土经过高温烧制而成，其通气性、吸附性好，还具有传热均匀、散热缓慢等特点。煨汤时，瓦罐能均衡而持久地把外界热能传递给内部原料，相对恒定的环境温度又有利于水分子与食物的相互渗透，这种相互渗透的时间维持得越长，食材鲜香成分溢出得越多，煨出的汤的滋味就越鲜醇，质地就越酥烂。

怎样让蔬菜汤更有营养

◎蔬菜中含有人体必需的多种营养素，经常食用蔬菜能让身体更健康。下面教大家如何保存蔬菜，使煲出的汤更营养。

不要久存蔬菜

很多人喜欢一周一次大采购，把采购回来的蔬菜存在家里慢慢吃，这样虽然节省时间、方便省事，但蔬菜放置一天就会损失大量的营养素。例如，菠菜在通常情况下（20℃）每放置一天，维生素C损失高达84%。因此，应尽量减少蔬菜的储藏时间。储藏也应该选择干燥、通风、避光的地方。这样，蔬菜中的营养素才得以更多地保存，煲出的汤自然也更有营养。

不要先切后洗

对有些蔬菜，人们习惯先切后清洗，其实，这样做会加速蔬菜营养素的氧化和可溶物质的流失，使蔬菜的营养价值降低，是非常不科学的。要知道，蔬菜先洗后切，维生素C可保留98.4%～100%，而先切后洗，维生素C会保留73.9%～92.9%。正确的做法是：先把叶片剥下来清洗干净，再用刀切成片、丝或块，随即下锅煲煮。

不要切成太小块

蔬菜切得稍大块，有利于保存其中的营养素。有些蔬菜若可用手撕断，就尽量少用刀切。至于花菜，洗净后只要用手将一个个绒球肉质花梗团掰开即可，不必用刀切，因为用刀切会把肉质花梗团弄得粉碎不成形，当然，最后剩下的肥大主花大茎要用刀切开。总之，能够不用刀切的蔬菜就尽量不要用刀切。

应现煮现整理

蔬菜买回家后不要马上整理。许多人习惯把蔬菜买回家后就立即整理，整理好后却要隔一段时间才烹煮。其实我们买回来的包菜的外叶、莴笋的嫩叶、毛豆的荚都是活的，它们的营养物质仍然在向可食用的部分供应，所以保留它们有利于保存蔬菜的营养素。整理以后，营养素容易丢失，菜的品质自然下降，因此，蔬菜应现煮现整理。

第二章

清爽蔬菜汤

蔬菜主要指茎叶类、瓜果类、花菜类、块根类、菌菇类等能够食用的植物，其味道鲜美，营养丰富，易吸收，易消化。很多蔬菜都含有丰富的维生素、蛋白质、矿物质及脂肪和糖类。蔬菜汤则是利用日常生活中常见的时令蔬菜，或单一煮制，或混合搭配而成的汤品，因为少油而广受欢迎。蔬菜种类繁多，煮出的汤品营养又开胃，能够帮助人体清理杂质，其中的各种营养素也易被人体吸收，深受素食者和美容爱好者的喜爱。

菌菇菠菜汤

烹饪时间 / 约19分钟　口味 / 清淡　功效 / 降压降糖　适合人群 / 糖尿病患者

原料

鲜香菇45克，玉米180克，金针菇100克，菠菜120克，姜片少许。

调料

盐3克，鸡粉2克，食用油适量。

营养分析　菠菜含有一种类胰岛素物质，能够帮助人体有效控制血糖。因此，糖尿病患者常吃菠菜有利于保持血糖稳定。

相宜相克

✓ 菠菜+猪肝（防治贫血）
✓ 菠菜+花生（美白肌肤）
✓ 菠菜+羊肝（恢复活力）

⊗ 菠菜+鳝鱼（易引起腹泻）
⊗ 菠菜+黄瓜（破坏维生素）
⊗ 菠菜+韭菜（易引起腹泻）

制作指导

菠菜易熟，入锅煮的时间不要过长，只要变色即可出锅。

做法

①将洗好的香菇切去蒂，再切成小块。

②洗净的金针菇切去根部。

③洗好的玉米切成小块。

④把菠菜洗净，再切成长段。

⑤砂锅中注水烧开，放入玉米块、香菇、姜片。

⑥盖上锅盖，用大火烧开后转小火再煮15分钟至食材熟软。

⑦揭盖，淋入适量食用油。

⑧加入盐、鸡粉。

⑨放入金针菇，用锅勺搅拌均匀。

⑩煮沸后放入菠菜，拌匀。

⑪继续煮1分钟至菠菜熟软。

⑫把锅中汤料盛出，装入汤碗中即可。

山药薏米汤

烹饪时间 / 约45分钟　口味 / 甜　功效 / 益气补血　适合人群 / 一般人群

原料

薏米30克，山药80克。

调料

冰糖15克，水淀粉适量。

·营养分析·

山药含有大量的黏液蛋白、维生素及微量元素，能有效阻止血脂在血管壁的沉淀，预防心血管疾病，有益志安神、延年益寿、益气补血的功效。

制作指导

处理山药时应该戴上一次性手套，以免手部接触山药导致发痒。

相宜相克

- ✓ 山药+芝麻（预防骨质疏松）
- ✓ 山药+扁豆（增强免疫力）
- ✗ 山药+菠菜（降低营养价值）
- ✗ 山药+海鲜（增加肠内毒素的吸收）

做法

1. 把山药切成块，装入碗中备用。
2. 锅中加入约800毫升清水，将切好的山药、泡发好的薏米倒入锅中。
3. 盖上锅盖，用大火将水烧开，然后转小火煮40分钟至锅中材料熟烂。
4. 揭盖，将冰糖倒入锅中，煮1分钟至冰糖完全溶化。
5. 往锅中淋入适量的水淀粉勾芡，再用锅勺搅拌一会儿，使米羹呈稠糊状。
6. 起锅，将煮好的山药薏米羹盛出即可。

蜂蜜红薯银耳汤 

烹饪时间 / 约22分钟　口味 / 甜　功效 / 开胃消食　适合人群 / 一般人群

原料

水发银耳100克，红薯80克。

水发银耳

红薯

调料

蜂蜜30毫升。

·营养分析· 红薯营养价值很高，含有丰富的膳食纤维、胡萝卜素、维生素A、B族维生素、维生素C、维生素E、果胶、钾、铁、铜、硒、钙等营养元素，能刺激消化液分泌及肠胃蠕动，促进消化。

制作指导

红薯缺少蛋白质，最好搭配蔬菜、水果或蛋白质含量丰富的食物一起食用。

相宜相克

- ✓红薯+芹菜（降血压）
- ✓红薯+糙米（减肥）
- ✗红薯+柿子（可能导致肠胃出血）
- ✗红薯+西红柿（易结石，易致腹泻）

做法

1. 把洗净去皮的红薯切成小块。
2. 洗好的银耳切去根部，再撕成小朵，将备好的食材分别浸在清水中，待用。
3. 锅中倒入800毫升清水烧热，倒入切好的银耳，再倒入红薯块。
4. 盖上锅盖，用大火煮沸，转小火煮约20分钟至材料熟透。
5. 取下盖子，淋入蜂蜜，拌匀使其溶入汤汁中。
6. 关火后盛出煮好的甜汤即可。

芥菜竹笋豆腐汤

烹饪时间 / 5分钟　口味 / 清淡　功效 / 开胃消食　适合人群 / 孕妇

原料

芥菜100克，竹笋80克，豆腐180克，姜末少许。

调料

盐4克，鸡粉2克，料酒4毫升，芝麻油2毫升，水淀粉10毫升，食用油适量。

营养分析

芥菜含有维生素A、B族维生素和维生素D等营养成分，有开胃消食的功效。芥菜还有缓解疲劳的作用。

姜

竹笋

芥菜

豆腐

相宜相克

✅竹笋+鲫鱼（辅助治疗小儿麻痹）
✅竹笋+猪腰（补肾利尿）
✅竹笋+猪肉（辅助治疗肥胖症）
✅竹笋+枸杞（辅助治疗咽喉疼痛）

❌竹笋+红糖（对身体不利）
❌竹笋+羊肉（易导致腹痛）
❌竹笋+羊肝（对身体不利）

制作指导

倒入的清水不宜过多，以免汤羹的浓稠度不高，影响成品的美观。

做法

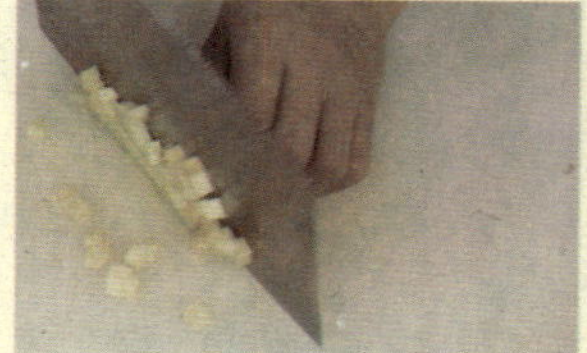
①将洗净的竹笋切片，再切条，改切成粒。

②洗好的芥菜用刀划开，改切成粒。

③洗净的豆腐先切薄片，再切成细条，改切成粒。

④锅中注水烧开，撒上盐，放入竹笋煮一会儿。

⑤再倒入切好的豆腐，大火煮约1分钟，捞出沥干水分备用。

⑥起锅热油，倒入少许姜末，用大火爆香。

⑦倒入切好的芥菜，快速翻炒几下。

⑧淋入少许料酒炒匀，注入适量清水。

⑨盖上锅盖，用大火加热，煮至汤汁沸腾。

⑩揭盖，放入适量盐、鸡粉搅匀。

⑪倒入竹笋和豆腐拌匀，大火煮沸。

⑫倒入水淀粉勾芡，淋入芝麻油拌匀即成。

小白菜虾皮汤

烹饪时间 / 约3.5分钟　口味 / 鲜　功效 / 开胃消食　适合人群 / 一般人群

原料

小白菜200克，虾皮35克，姜片少许。

调料

盐3克，鸡粉2克，料酒、食用油各适量。

营养分析

小白菜所含的矿物质能促进骨骼发育，加速人体的新陈代谢，增强机体的造血功能。小白菜还含有胡萝卜素、烟酸等营养成分，能缓解精神紧张，有助于保持平静的心态。

制作指导

小白菜不可煮制过久，以免流失过多的营养成分。

相宜相克

✓ 小白菜+猪肉（增强体质）

✗ 小白菜+黄瓜（妨碍维生素C的吸收）

做法

1. 洗净的小白菜切成段，装入盘中待用。
2. 用油起锅，放入姜片，爆香，下入洗好的虾皮，拌炒匀。
3. 淋入少许料酒，炒香，倒入适量清水。
4. 盖上盖，待水烧开后用中火煮约2分钟。
5. 揭盖，加入盐、鸡粉，倒入切好的小白菜，用锅勺拌匀煮至沸。
6. 把煮好的汤盛出，装入碗中即成。

香菇萝卜汤

烹饪时间 / 约4分钟　口味 / 清淡　功效 / 开胃消食　适合人群 / 一般人群

原料

白萝卜300克，鲜香菇50克，葱花少许。

调料

盐3克，鸡粉2克，胡椒粉适量。

·营养分析·

白萝卜含有芥子油、淀粉酶和粗纤维等，具有促进消化、增进食欲、加快胃肠蠕动和止咳的作用。中医认为，白萝卜性凉，味辛、甘，可以辅助治疗多种疾病。

制作指导

煮制白萝卜时可加入少许醋调味，不仅使汤的味道更鲜美，还有利于营养物质的吸收。

相宜相克

- ✓ 白萝卜+紫菜（缓解咳嗽）
- ✓ 白萝卜+豆腐（促进营养物质的吸收）
- ✗ 白萝卜+橘子（易诱发甲状腺肿大）
- ✗ 白萝卜+黄瓜（破坏维生素C）

做法

1. 洗净的白萝卜去皮，斜刀切段，改切成片；洗好的香菇切成片。
2. 锅中注入适量清水烧开，倒入切好的香菇、白萝卜。
3. 盖上盖，烧开后用小火煮3分钟。
4. 加入适量盐、鸡粉、胡椒粉搅拌均匀。
5. 将煮好的汤盛出，装入碗中。
6. 再撒上少许葱花即成。

西红柿冬瓜汤

烹饪时间 / 约5分钟　口味 / 清淡　功效 / 清热解毒　适合人群 / 一般人群

原料

冬瓜300克，西红柿200克，葱花少许。

调料

盐2克，鸡粉2克，食用油适量。

营养分析

冬瓜含有蛋白质、维生素、钙、铁、镁、磷、钾等营养物质，具有润肺、生津、止渴、消肿、清热祛暑、解毒的功效。

制作指导

食材入锅后，不要煮制太久，以免食材过于熟烂，失去其本身的鲜味。

相宜相克

- 冬瓜+海带（降血压）
- 冬瓜+芦笋（降血脂）
- 冬瓜+甲鱼（润肤、明目）
- 冬瓜+口蘑（利小便、降血压）

做法

1. 把洗净的西红柿切开，再切成小瓣。
2. 洗好的冬瓜去除表皮，改切成薄片。
3. 起锅热油，倒入切好的西红柿炒匀，注入适量清水，盖上盖，用大火煮沸。
4. 取下锅盖，倒入冬瓜拌匀。
5. 加入适量盐、鸡粉拌匀调味，续煮片刻至食材熟透。
6. 将煮好的汤盛入汤碗中，再撒上少许葱花即成。

香菇芥菜汤

烹饪时间 / 约6分钟　口味 / 清淡　功效 / 降压降糖　适合人群 / 高血压患者

原料

鲜香菇65克，芥菜300克。

调料

盐3克，鸡粉、芝麻油、食用油各适量。

营养分析

香菇是高蛋白、低脂肪的健康食品，它富含多种氨基酸，活性高、易吸收。香菇还含有多种酶，有抑制血液中胆固醇升高和降血压的作用。

制作指导

芥菜入锅煮制时，可先放入菜梗略煮片刻，再放入菜叶，这样菜叶不至于煮老。

相宜相克

- 香菇+牛肉（补气养血）
- 香菇+木瓜（减脂降压）
- 香菇+豆腐（有助营养吸收）
- 香菇+莴笋（利尿通便）

做法

1. 将洗净的芥菜切成段；将洗好的香菇切成小块。
2. 锅中加入少许食用油，烧热，倒入芥菜、香菇，翻炒匀。
3. 注入适量清水，盖上盖，用大火加热，煮至沸腾。
4. 揭盖，加入适量盐、鸡粉、芝麻油。
5. 用锅勺拌匀调味。
6. 将煮好的汤盛入碗中即成。

蘑菇竹笋汤

烹饪时间 / 约3分钟　口味 / 清淡　功效 / 增强免疫力　适合人群 / 儿童

原料

口蘑40克，竹笋150克，油菜100克，姜片少许。

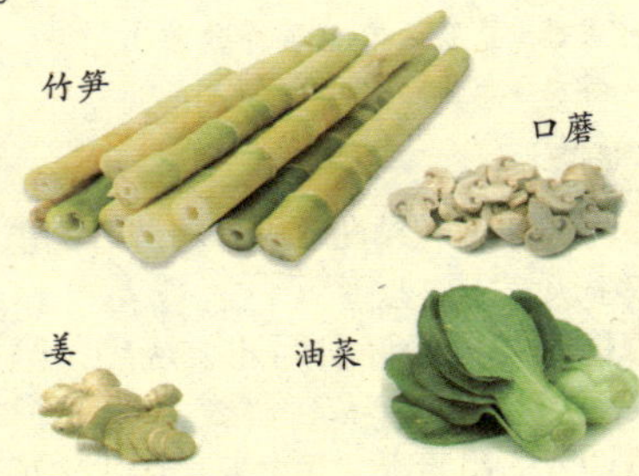

调料

盐3克，鸡粉、食用油各适量。

营养分析

口蘑能防止过氧化物损害机体，降低因缺硒引起的血压升高和血液黏度增加，调节甲状腺的功能，提高身体免疫力。

制作指导

制作此汤的原料都很鲜嫩，因此不宜煮制过久，以免影响成品口感。

相宜相克

- 口蘑+鸡肉（补中益气）
- 口蘑+鹌鹑蛋（防治肝炎）

做法

1. 将洗净的油菜切去部分叶子。
2. 洗净的竹笋切成长段；洗净的口蘑切成小片。
3. 锅中注水烧开，加盐、食用油，倒入油菜、竹笋、口蘑，焯水后捞出。
4. 起锅热油，倒入姜片爆香，加入适量清水煮沸，倒入竹笋和口蘑。
5. 加适量盐、鸡粉拌匀。
6. 将煮好的汤盛入碗中，放入焯烫好的油菜即可。

菌菇丝瓜汤

烹饪时间 / 约3分钟　口味 / 清淡　功效 / 美容养颜　适合人群 / 女性

原料

金针菇150克，白玉菇60克，丝瓜180克，鲜香菇30克，胡萝卜60克。

调料

盐3克，鸡粉3克，食用油适量。

营养分析

丝瓜含有防止皮肤老化的维生素B_1、增白皮肤的维生素C等成分，能保护皮肤、减淡斑块，使皮肤洁白、细嫩，是不可多得的美容佳品。

制作指导

煮制丝瓜时加少许食醋，既可避免丝瓜变黑，汤品味道也更鲜美。

相宜相克

- ✓ 丝瓜+菊花（清热养颜、净肤除斑）
- ✓ 丝瓜+鸭肉（清热滋阴）
- ✗ 丝瓜+菠菜（易引起腹泻）
- ✗ 丝瓜+芦荟（易引起腹痛、腹泻）

做法

1. 将洗净的白玉菇切成段；洗好的香菇切成小块，洗净的金针菇切去老茎。
2. 洗好的丝瓜去皮，切成片，洗净去皮的胡萝卜切成片。
3. 锅中注水烧开，淋入少许食用油，放入切好的胡萝卜、白玉菇、香菇。
4. 盖上盖，用大火煮沸后转中火煮2分钟至食材熟软。
5. 揭盖，倒入丝瓜、金针菇，拌匀，煮沸。
6. 再加入适量盐、鸡粉，用锅勺拌匀调味。
7. 将煮好的汤盛出，装入碗中即可。

木耳丝瓜汤

烹饪时间 / 约3.5分钟　口味 / 鲜　功效 / 清热解毒　适合人群 / 儿童

原料

水发木耳40克，玉米笋65克，丝瓜150克，瘦肉200克，胡萝卜片、姜片、葱花各少许。

调料

盐3克，鸡粉3克，水淀粉2克，食用油适量。

·营养分析·

丝瓜含有皂苷类物质，味苦，有清暑凉血、解毒通便、通经络、行血脉等功效。黑木耳含有的蛋白质、糖类、钙、铁、钾、钠、维生素、胡萝卜素等成分，是宝宝生长发育所必需的，其具有清肠通便的功效。

相宜相克

✅ 丝瓜+菊花（清热养颜，净肤除斑）
✅ 丝瓜+鸭肉（清热滋阴）
✅ 丝瓜+鱼（增强免疫力）

❌ 丝瓜+菠菜（易引起腹泻）
❌ 丝瓜+芦荟（易引起腹痛、腹泻）

制作指导

煮制此汤时，可加入少许芝麻油，成汤味道会更加鲜美。

做法

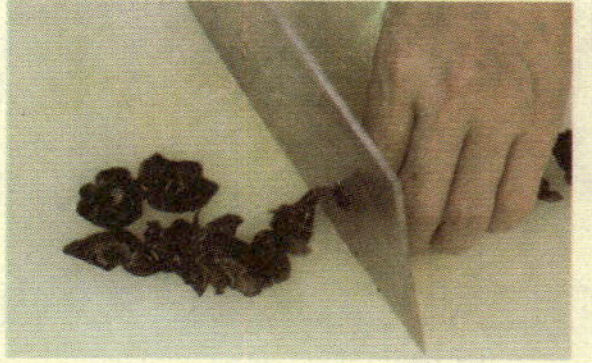
①将洗净的木耳切成小块。

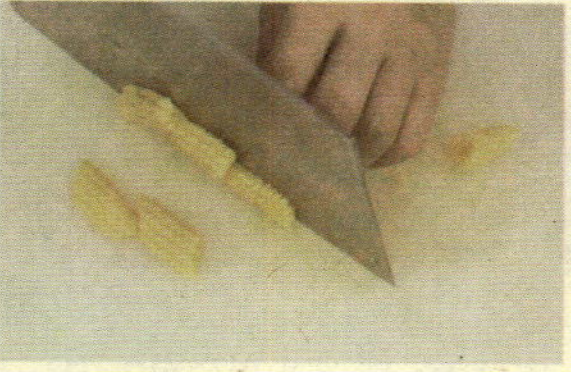
②洗好的玉米笋先切成段，再切成小块。

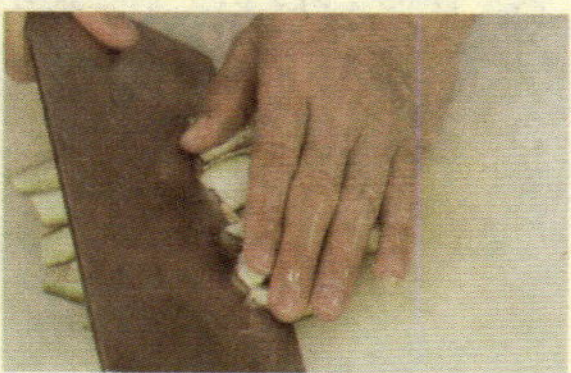
③去皮洗净的丝瓜对半切开，切条，改切成段。

④将去皮洗好的胡萝卜打上花刀，切成片。

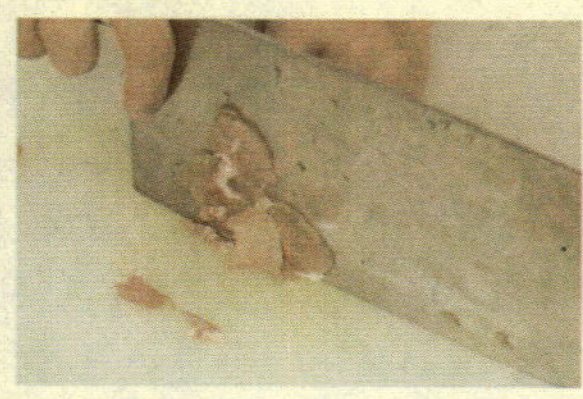
⑤将洗净的瘦肉切成片装碗，放入少许盐、鸡粉、水淀粉抓匀。

⑥加入适量食用油，腌10分钟至入味。

⑦锅中加水烧开，加入食用油，放入姜片。

⑧倒入木耳、丝瓜、胡萝卜、玉米笋搅拌匀。

⑨放入适量盐、鸡粉，拌匀调味。

⑩盖上锅盖，用中火煮2分钟至熟。

⑪揭盖，倒入腌好的肉片搅拌均匀，用大火煮沸。

⑫把汤盛出，装入汤碗中，再放入葱花即可。

家常罗宋汤

烹饪时间 / 约17分钟　口味 / 鲜　功效 / 开胃消食　适合人群 / 孕妇

原料

圆白菜150克，西红柿80克，洋葱30克，牛肉50克，胡萝卜、土豆各40克，姜片、蒜末、葱花各少许。

调料

盐、胡椒粉各3克，鸡粉2克，番茄酱10克，芝麻油、食用油各适量。

营养分析

西红柿含有苹果酸和柠檬酸等有机酸，既有保护所含维生素C不被烹调破坏的作用，还有增加胃液酸度、帮助消化、调整胃肠功能的作用。

制作指导

煮制此汤时，番茄酱不宜放太多，以免掩盖食材本身的味道。

相宜相克

- ✓ 西红柿+山楂（降血压）
- ✓ 西红柿+花菜（预防心血管疾病）
- ✗ 西红柿+南瓜（降低营养价值）
- ✗ 西红柿+猕猴桃（降低营养价值）

做法

1. 洗净的西红柿去除表皮，切块；洗净去皮的土豆、胡萝卜切片。
2. 洗净的洋葱切块，洗好的圆白菜切片，洗净的牛肉剁成末。
3. 锅中倒入适量食用油烧热，放入姜片、蒜末爆香。
4. 放入胡萝卜片、圆白菜片、洋葱片、土豆片、西红柿炒匀。
5. 注入适量清水煮约15分钟，再放入牛肉末煮沸。
6. 加适量盐、鸡粉、番茄酱、胡椒粉调味，淋入芝麻油拌匀，撒上葱花即成。

黄花菜健脑汤

烹饪时间 / 约3分钟　口味 / 鲜　功效 / 提神健脑　适合人群 / 儿童

原料

水发黄花菜80克，鲜香菇40克，金针菇90克，瘦肉100克，葱花少许。

调料

盐3克，鸡粉3克，水淀粉、食用油各适量。

·营养分析·

黄花菜含有卵磷脂，能增强和改善大脑功能，对注意力不集中、记忆减退等症状有一定食疗作用。黄花菜还含有膳食纤维，能促进消化和吸收。

相宜相克

✓ 黄花菜+黄瓜（利湿消肿）
✓ 黄花菜+猪肉（增强体质）
✓ 黄花菜+马齿苋（清热祛毒）
✗ 黄花菜+鹌鹑（易引发痔疮）
✗ 黄花菜+驴肉（易引起中毒）

制作指导

香菇、金针菇入锅后，不宜煮制过久，以免影响成品鲜嫩的口感。

做法

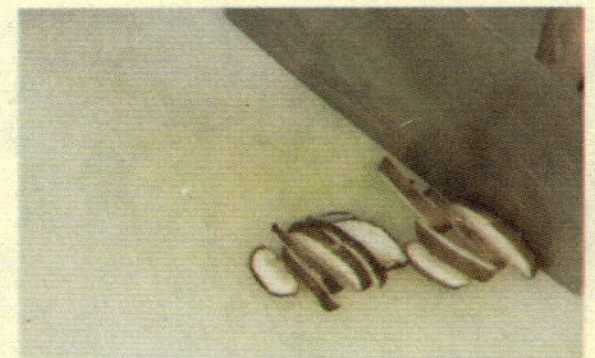
①将洗净的鲜香菇切成片。

②泡发好的黄花菜切去花蒂。

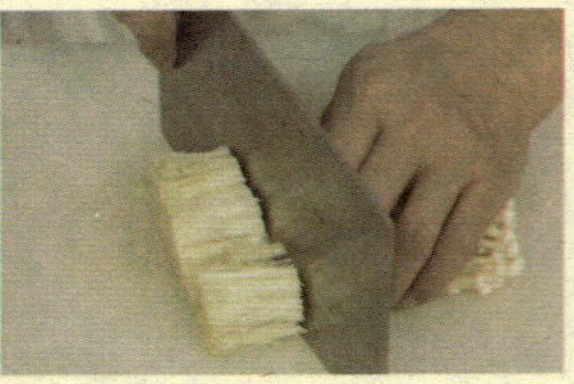
③洗好的金针菇切去老茎。

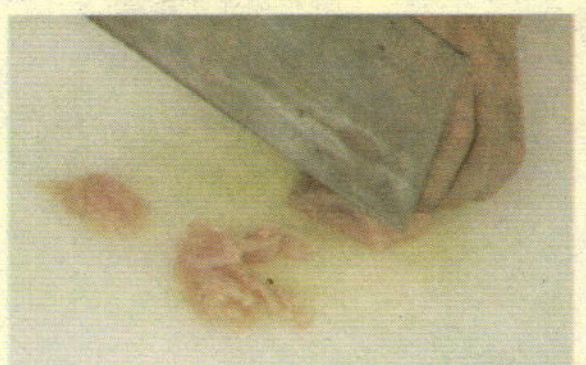
④洗净的瘦肉切成片。

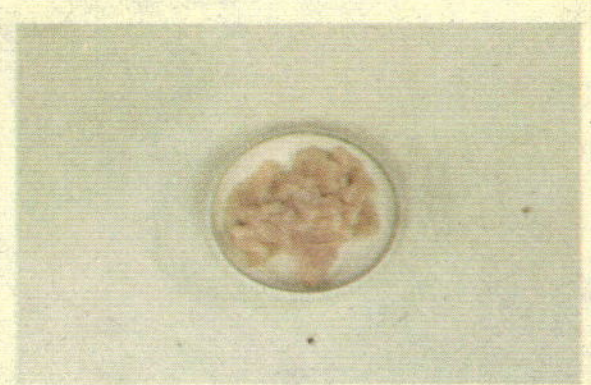
⑤把肉片装入碟中，加入少许盐、鸡粉、水淀粉抓匀。

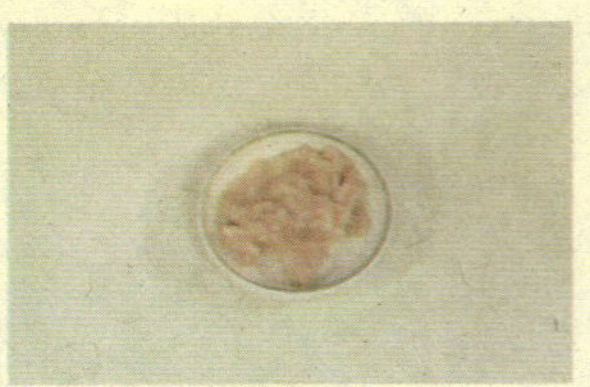
⑥注入适量食用油，腌10分钟至入味。

⑦锅中注入适量清水烧开，倒入少许食用油。

⑧放入香菇、黄花菜、金针菇。

⑨加入适量盐、鸡粉，拌匀，用大火加热，煮至沸。

⑩倒入腌好的瘦肉片。

⑪拌匀，用大火煮约1分钟至熟。

⑫将煮好的汤料盛出，装入碗中，撒上葱花即成。

海带冬瓜汤 

烹饪时间 / 约3分钟　口味 / 清淡　功效 / 防癌抗癌　适合人群 / 女性

原料

冬瓜350克，海带150克，姜片、葱花各少许。

调料

盐3克，鸡粉2克，胡椒粉、食用油各适量。

营养分析

海带含有丰富的钙、镁、钾、磷、硫、铁、锌、硒、维生素B_1、维生素B_2等人体不可缺少的营养成分。此外，海带还含有大量的碘，不仅可以改善内分泌失调，而且能预防乳腺癌。

制作指导

冬瓜是一种清热的食物，若能连皮一起煮汤，效果更明显。

相宜相克

- ✓ 海带+猪肉（除湿）
- ✓ 海带+冬瓜（降血压、降血脂）
- ✗ 海带+猪血（易引起便秘）
- ✗ 海带+白酒（易导致消化不良）

做法

1. 洗净的冬瓜去皮，切块，改切成片。
2. 将洗净的海带切长条，再改切成小块。
3. 锅中注入适量清水烧开，放入少许姜片，倒入冬瓜、海带，拌匀。
4. 再倒入适量食用油。
5. 盖上盖，用大火烧开后转中火煮2分钟至食材熟软，揭盖，加入适量盐、鸡粉、胡椒粉，拌匀调味。
6. 将煮好的汤盛入碗中，再撒上少许葱花即成。

平菇豆腐汤

烹饪时间 / 约3分钟　口味 / 鲜　功效 / 降血脂　适合人群 / 一般人群

原料

豆腐200克，平菇100克，姜片、葱花各少许。

调料

盐3克，鸡粉2克，胡椒粉、料酒、食用油各适量。

营养分析

豆腐是高蛋白、低脂肪的食物，具有降血压、降血脂、降胆固醇的功效，是生熟皆可、老幼皆宜、益寿延年的美食佳品。

相宜相克

✅平菇+西蓝花（提高免疫力）
✅平菇+猪肉（滋补保健）
✅平菇+鸡蛋（滋补强身）
❎平菇+驴肉（易引发心痛）

制作指导

豆腐先用沸水焯煮一下，在煮汤时会更容易入味。

做法

①把洗净的平菇切成片。

②洗净的豆腐切成条，再切成小方块。

③起锅热油，放入姜片、平菇，炒香。

④淋入少许料酒，翻炒均匀。

⑤注入适量清水。

⑥盖上盖，煮约1分钟。

⑦揭盖，加入盐、鸡粉，撒上少许胡椒粉。

⑧倒入豆腐块，拌匀。

⑨用锅勺撇去浮沫。

⑩撒上葱花。

⑪拌煮至断生。

⑫将煮好的汤盛入汤碗中即成。

土豆玉米汤

烹饪时间 / 约16分钟　口味 / 清淡　功效 / 提神健脑　适合人群 / 儿童

原料

土豆200克，玉米230克，葱花少许。

调料

盐3克，鸡粉2克，食用油适量。

·营养分析·

玉米含有蛋白质、钙、磷、硒、镁、胡萝卜素、维生素E等，有开胃益智、宁心活血、调理中气等功效，还能降血脂，对高血脂、动脉硬化、心脏病患者有助益。

制作指导

玉米切成大小一致的小块，不仅可缩短煮制的时间，而且口感更均匀。

相宜相克

- ✓ 玉米+鸡蛋（预防胆固醇过高）
- ✓ 玉米+洋葱（生津止渴）
- ✗ 玉米+田螺（易引起中毒）
- ✗ 玉米+红薯（易造成腹胀）

做法

1. 将洗净去皮的土豆切厚块，再切成长条，改切成小块。
2. 洗好的玉米切成小块。
3. 砂锅中注入适量清水烧开，放入切好的土豆块、玉米块。
4. 盖上盖子，烧开后转成小火煮15分钟至食材熟透。
5. 揭盖，加入适量盐、鸡粉、食用油，用锅勺搅拌均匀。
6. 把煮好的汤盛出，装入碗中，再撒上少许葱花即可。

木耳菜蘑菇汤

烹饪时间 / 约4分钟　口味 / 清淡　功效 / 瘦身排毒　适合人群 / 女性

原料

木耳菜150克，口蘑180克。

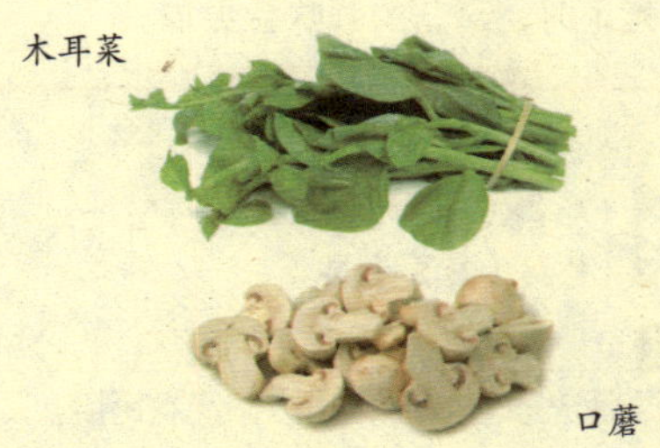

调料

盐2克，鸡粉2克，料酒、食用油各适量。

营养分析

口蘑属低热量食品，是一种很好的减肥美容食材。其富含的植物纤维，具有加速肠道运动、促进排毒的作用，能降低人体内胆固醇的含量，还能预防糖尿病、大肠癌。

制作指导

袋装口蘑在入锅煮制前，要多漂洗几遍，以去掉残留在口蘑上的化学物质。

相宜相克

- ✓ 口蘑+鸡肉（补中益气）
- ✓ 口蘑+鹌鹑蛋（预防肝炎）
- ✓ 口蘑+猪肉（促进营养元素的吸收）
- ✓ 口蘑+青豆（清热解毒）

做法

1. 将洗净的口蘑切成片，装入盘中，备用。
2. 起锅热油，倒入口蘑，翻炒片刻。
3. 淋入少许料酒炒香，倒入适量清水。
4. 盖上盖，烧开后用中火煮2分钟。
5. 揭盖，加入适量盐、鸡粉。
6. 放入洗净的木耳菜，用锅勺搅拌均匀，煮约1分钟，至木耳菜熟软。
7. 将煮好的汤盛出，装入碗中即可。

青豆草菇汤

烹饪时间 / 约4分钟　口味 / 清淡　功效 / 降血脂　适合人群 / 高脂血症患者

原料

青豆130克，草菇100克，葱花少许。

调料

盐3克，鸡粉2克，料酒5毫升，食用油少许。

·营养分析·

草菇营养价值较高，含有丰富的蛋白质、钙、钾、钠、维生素等营养成分，尤其是膳食纤维的含量较为丰富，有促进消化、提高机体抗病能力的作用。

制作指导

草菇切开前最好用温水泡约5分钟，这样煮汤时，草菇的鲜味会更浓。

相宜相克

- ✓ 草菇+豆腐（降压降脂）
- ✓ 草菇+虾仁（补肾壮阳）
- ✗ 草菇+鹌鹑（易面生黑斑）

做法

1. 将草菇洗净去根部，切片，浸水待用。
2. 锅中加适量清水，以大火烧开，再加少许盐。
3. 放入草菇煮约2分钟，捞出，沥干水分。
4. 起锅热油，入草菇翻炒，淋入料酒炒匀，再加适量清水。
5. 加盐、鸡粉，倒入洗净的青豆，煮沸后用中火煮至入味。
6. 将汤装碗，撒上葱花即成。

香菇豆腐汤 

烹饪时间 / 约7分钟　口味 / 清淡　功效 / 提神健脑　适合人群 / 老年人

原料

水发腐竹150克，豆腐170克，鲜香菇60克，葱花少许。

调料

盐2克，鸡粉2克，料酒、胡椒粉、芝麻油、食用油各适量。

·营养分析·

香菇是一种高蛋白、低脂肪的健康食品，有补肝肾、健脾胃、益智安神、美容养颜之功效。香菇富含的维生素D，能促进钙、磷的消化吸收，有助于骨骼和牙齿的发育。

水发腐竹

豆腐

葱

鲜香菇

相宜相克

✅香菇+猪肉（促进消化）
✅香菇+油菜（提高免疫力）
✅香菇+马蹄（清热解毒）
✅香菇+青豆（提高免疫力）
❌香菇+螃蟹（可能引起结石）
❌香菇+鹌鹑（易面生黑斑）

制作指导

豆腐切好后放入淡盐水中浸泡片刻，能去除酸味。

做法

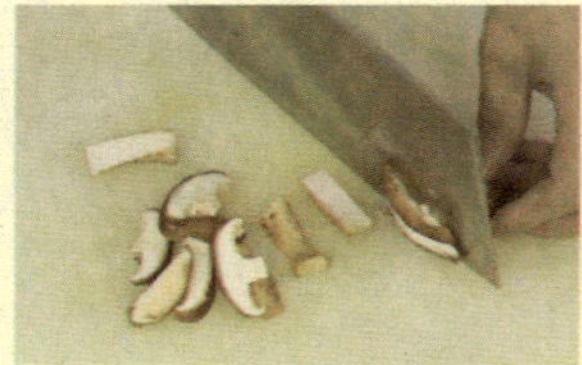
①洗净的香菇切片。

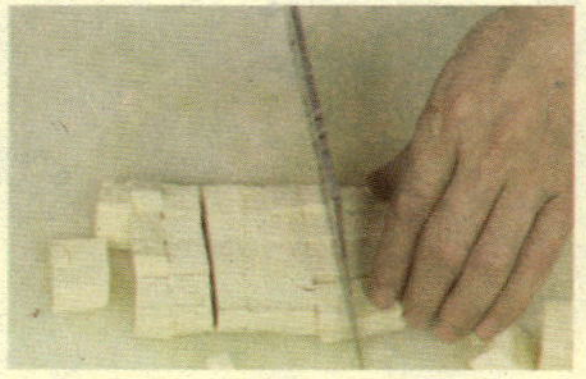
②洗好的豆腐切小块。

③起锅热油，倒入香菇，翻炒片刻。

④淋入少许料酒，拌炒匀。

⑤放入腐竹炒匀，倒入适量清水稍煮。

⑥盖上盖，煮沸后用小火煮约3分钟。

⑦揭盖，下入豆腐。

⑧盖上盖，再用小火煮2分钟至食材熟透。

⑨揭盖，加入适量盐、鸡粉、胡椒粉。

⑩再淋入少许芝麻油，用锅勺拌匀调味。

⑪将煮好的汤盛出，装入碗中。

⑫撒上葱花即成。

胡萝卜玉米牛蒡汤

烹饪时间 / 约31分钟　口味 / 清淡　功效 / 降血脂　适合人群 / 高脂血症患者

胡萝卜90克，玉米150克，牛蒡140克。

调料

盐、鸡粉各2克。

营养分析

玉米含有蛋白质、维生素、微量元素、纤维素及多糖等。其维生素E的含量较高，可降低血液胆固醇浓度，并防止其沉积于血管壁，对高脂血症患者有一定的食疗作用。

制作指导

一定要在砂锅中的水煮沸后，再放入牛蒡，这样牛蒡的药性才更易发挥出来。

相宜相克

- ✓ 玉米+花菜（健脾益胃、助消化）
- ✓ 玉米+大豆（营养更均衡）
- ✗ 玉米+田螺（易引起中毒）
- ✗ 玉米+红薯（易造成腹胀）

做法

1. 将洗净去皮的胡萝卜切成小块；洗好的玉米切成小块；洗净去皮的牛蒡切滚刀块。
2. 砂锅中注入适量清水烧开，倒入切好的牛蒡、胡萝卜块、玉米块。
3. 盖上盖，煮沸后用小火煮约30分钟，至食材熟透。
4. 取下盖子，加入盐、鸡粉。
5. 拌匀调味，续煮一会儿，至食材入味。
6. 关火后盛出煮好的牛蒡汤，装在碗中即成。

草菇丝瓜汤

烹饪时间 / 约3分钟　口味 / 清淡　功效 / 美容养颜　适合人群 / 女性

原料

丝瓜200克，草菇100克，葱花少许。

调料

盐、鸡粉各2克，芝麻油2毫升，料酒5毫升，食用油少许。

营养分析

丝瓜是夏季解暑清热的常用蔬菜之一，含有充足的水分，对促进人体内水分的新陈代谢有很好的作用。此外，丝瓜中的维生素C含量也很丰富，对保护皮肤、润泽肤色有很好的食疗作用，女性可以经常食用。

制作指导

丝瓜去皮后很容易氧化变黑，所以去皮后要浸于淡盐水中，这样可保持其清新洁白的外表。

相宜相克

- 丝瓜+虾（养心润肺）
- 丝瓜+鱼（增强免疫力）
- 丝瓜+青豆（防治口臭、便秘）
- 丝瓜+鸡蛋（润肺、补肾）

做法

1. 将洗净的草菇切去根部，再切成小块；洗净去皮的丝瓜切成小块。
2. 锅中注入约600毫升清水烧开，放入草菇煮约1分钟，捞出，沥干水分，待用。
3. 起锅热油，放入焯煮好的草菇，再下入丝瓜，翻炒几下，淋入料酒，翻炒匀。
4. 倒入约600毫升清水，盖上锅盖，煮沸后用中火煮约1分钟至食材熟软。
5. 取下盖子，加入盐、鸡粉，淋入芝麻油，煮片刻至食材入味。
6. 关火后盛出煮好的汤，再撒上葱花即成。

腐竹黄瓜汤

烹饪时间 / 约3分钟　口味 / 清淡　功效 / 提神健脑　适合人群 / 儿童

原料

水发腐竹200克，黄瓜220克，葱花少许。

调料

盐3克，鸡粉2克，胡椒粉、食用油各适量。

·营养分析·

腐竹含有丰富的蛋白质、膳食纤维、碳水化合物等营养物质，有良好的健脑作用，能预防阿尔茨海默病。此外，常食腐竹还能降低血液中的胆固醇含量。

制作指导

泡发腐竹时，最好选用温水，而且入锅前要清洗干净。

相宜相克

- ✓ 腐竹+猪肝（促进人体对B族维生素的吸收）
- ✗ 腐竹+蜂蜜（影响消化吸收）
- ✗ 腐竹+橙子（影响消化吸收）

做法

1. 洗净的黄瓜去皮切条，去籽，切成小块，备用。
2. 起锅热油，放入黄瓜，翻炒。
3. 倒入适量清水，用大火烧开，放入泡发好的腐竹。
4. 盖上盖，用小火煮至腐竹熟透。
5. 加入适量盐、鸡粉、胡椒粉拌匀。
6. 盛出装碗，撒上葱花即成。

油豆腐粉丝汤 

烹饪时间 / 约3分钟　口味 / 清淡　功效 / 提神健脑　适合人群 / 儿童

原料

油豆腐100克，小白菜150克，水发粉丝250克，葱花少许。

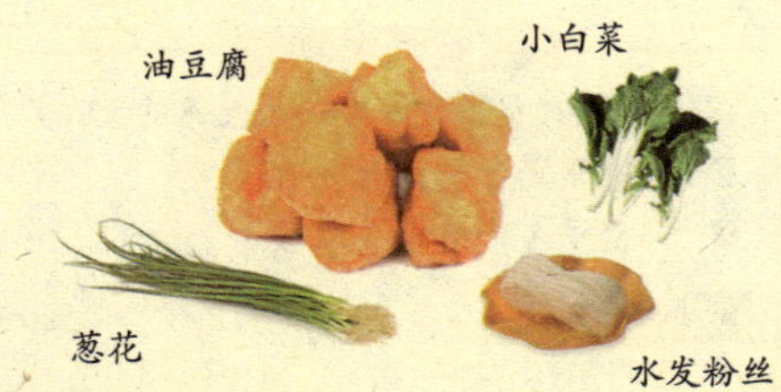

调料

盐3克，鸡粉2克，食用油适量。

·营养分析·

油豆腐富含蛋白质、糖类、铁、钙、磷、镁及膳食纤维等，有良好的健脑作用。此外，常食油豆腐还能降低血液中的胆固醇含量，从而有效地预防动脉硬化等疾病。

制作指导

水发好的粉丝煮制时间不宜过长，否则粉丝不够筋道。

相宜相克

✓ 油豆腐+蛤蜊（润肤、补血）

✓ 油豆腐+草菇（健脾补虚、增进食欲）

✗ 油豆腐+鸡蛋（影响蛋白质的吸收）

✗ 油豆腐+蜂蜜（易导致腹泻）

做法

1. 将水发好的粉丝切成段。
2. 洗净的小白菜切成段。
3. 锅中注入清水烧开，倒入油豆腐、盐、鸡粉、食用油。
4. 盖上盖，用中火煮约2分钟揭盖。
5. 倒入粉丝、小白菜拌匀煮沸。
6. 盛出装入碗中，再撒上少许葱花即成。

韩式豆芽汤

烹饪时间 / 约4分钟　口味 / 辣　功效 / 美容养颜　适合人群 / 女性

原料

黄豆芽300克，大葱150克，蒜泥少许，高汤400毫升。

调料

盐2克，鸡粉2克，白糖、番茄汁、料酒、泰式甜辣酱、胡椒粉、食用油各适量。

·营养分析·

黄豆芽营养丰富，是蛋白质和维生素的良好来源。其所含维生素C能营养毛发，使头发保持乌黑光亮，对面部雀斑也有较好的淡化效果。此外，黄豆芽所含的维生素E能保护皮肤和毛细血管。

相宜相克

✓黄豆芽+黑木耳（营养更均衡）

✓黄豆芽+鲫鱼（通乳汁）

⊗黄豆芽+皮蛋（易引起腹泻）

制作指导

黄豆芽不宜煮制过久，要尽量保持其脆嫩爽口的特点。

做法

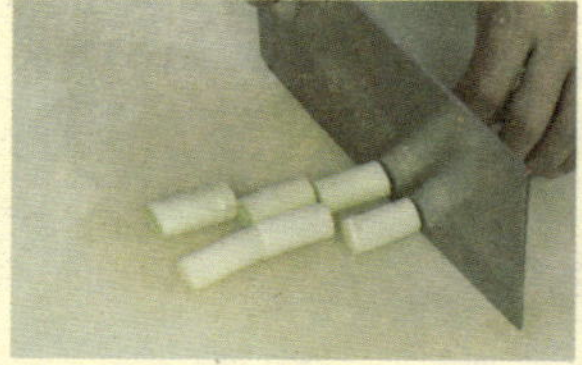

①洗净的大葱切成段。

②把切好的大葱装入盘中待用。

③起锅热油，倒入切好的大葱，炒匀。

④放入洗好的黄豆芽，翻炒至熟软。

⑤淋入少许料酒，炒匀，倒入高汤。

⑥放入少许蒜泥，搅拌均匀。

⑦盖上盖，煮沸后续煮约2分钟至食材熟透。

⑧揭盖，倒入适量泰式甜辣酱，拌匀。

⑨加入适量番茄汁、盐、鸡粉、白糖。

⑩撒入少许胡椒粉。

⑪用勺搅拌匀煮沸。

⑫将煮好的汤盛入碗中即成。

酸菜芋头汤

烹饪时间 / 约4分钟　口味 / 清淡　功效 / 增强免疫力　适合人群 / 一般人群

原料

香芋200克，酸菜180克，豆腐皮150克，高汤500毫升，葱花少许。

调料

盐少许，鸡粉2克，食用油适量。

营养分析

香芋的氟含量较高，具有洁齿防龋、保护牙齿的作用。香芋还含有一种天然的多糖类高分子植物胶体，有很好的止泻作用，并能增强人体的免疫力。

制作指导

香芋入锅后一定要煮熟，否则其中的黏液会刺激咽喉。

相宜相克

- ✓ 芋头+红枣（补血养颜）
- ✓ 芋头+牛肉（改善食欲不振）
- ✗ 芋头+香蕉（易引起腹胀）

做法

1. 洗净去皮的香芋切块，改切成片；把豆腐皮切成丝，洗好的酸菜切长条。
2. 锅中注入适量清水烧开，倒入高汤，盖上盖，用大火加热煮至沸腾。
3. 揭盖，放入酸菜、香芋、豆腐丝，搅拌匀。
4. 盖上盖，烧开后用中火煮3分钟至食材熟透。
5. 揭盖，加入适量食用油、盐、鸡粉用锅勺拌匀调味。
6. 将煮好的汤盛出，装入碗中，再撒上少许葱花即成。

浓汤大豆皮

烹饪时间 / 约4分钟　口味 / 清淡　功效 / 增强免疫力　适合人群 / 儿童

原料

大豆皮300克，大葱50克，干辣椒、姜片、葱白各少许。

调料

盐3克，味精3克，鸡汁20克，淡奶30毫升，料酒、食用油、芝麻油各适量。

·营养分析·

大豆皮含丰富的蛋白质、氨基酸、维生素及铁、钙等人体所必需的营养元素，有清热润肺、止咳消痰、养胃、解毒、止汗等功效，还可以提高机体的免疫能力，促进身体和智力的发育。

相宜相克

✅大豆皮+白菜（清肺热、止痰咳）

✅大豆皮+银耳（滋补气血）

✅大豆皮+生菜（滋阴补肾）

制作指导

大豆皮不宜煮太久，以免影响其柔韧口感。

做法

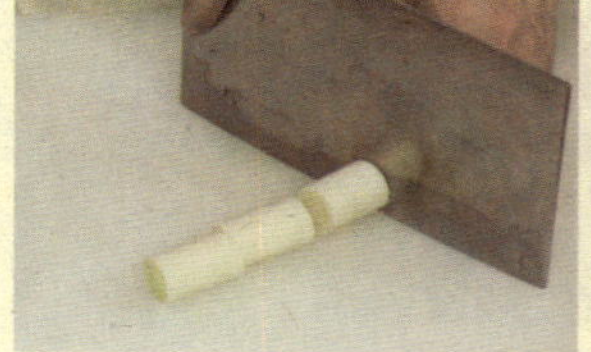

①洗净的大葱切3厘米的长段。

②洗净的大豆皮切丝。

③起锅热油，倒入姜片、干辣椒。

④加入切好的葱白，爆香。

⑤倒入切好的大葱、大豆皮炒匀。

⑥淋入少许料酒提鲜。

⑦锅中加500毫升清水。

⑧加盐、鸡汁、味精拌匀。

⑨小火煮约4分钟。

⑩加淡奶拌匀，煮沸。

⑪加少许芝麻油拌匀。

⑫盛入汤碗中即可。

黄芪红薯叶冬瓜汤

烹饪时间 / 约22分钟　口味 / 清淡　功效 / 清热解毒　适合人群 / 糖尿病患者

原料

黄芪15克，冬瓜200克，红薯叶40克。

调料

盐2克，鸡粉2克，食用油适量。

·营养分析·

冬瓜含有蛋白质、维生素A、维生素B_1、维生素B_6、维生素C、钙、铁、镁、磷、钾等营养物质，具有润肺生津、化痰止渴、利尿消肿、清热祛暑、解毒的功效，适合糖尿病患者食用。

制作指导

放入红薯叶后用大火煮一会儿，既可使汤汁入味，还能保留其口感。

相宜相克

- ✓冬瓜+海带（降血压）
- ✓冬瓜+螃蟹（有减肥健美的功效）
- ✓冬瓜+甲鱼（润肤、明目）
- ✓冬瓜+口蘑（利小便、降血压）

做法

1. 将洗净去皮的冬瓜切小块，装入盘中，待用。
2. 砂锅中注入适量清水，用大火烧开，放入黄芪、冬瓜，搅拌匀。
3. 盖上盖，煮沸后用小火煮约20分钟，至全部食材熟透。
4. 取下盖子，加入适量盐、鸡粉。
5. 倒入洗好的红薯叶，淋入少许食用油搅拌匀，再续煮片刻，至红薯叶断生。
6. 关火后盛出煮好的冬瓜汤，装入碗中即可。

玉米杂蔬汤

烹饪时间 / 约4分钟　口味 / 清淡　功效 / 开胃消食　适合人群 / 一般人群

原料

玉米150克，西红柿90克，莴笋80克，胡萝卜80克，洋葱75克，芹菜50克。

调料

盐3克，鸡粉2克，食用油适量。

·营养分析·

玉米含有蛋白质、糖类、钙、磷、铁、硒、胡萝卜素、维生素E等成分，有开胃益智、宁心活血、调理中气、抗衰老等功效。此外，玉米还含有大量镁，可加强肠壁蠕动，促进机体废物的排出。

制作指导

煮玉米时，可以适当多煮一段时间，因为煮的时间越长，玉米的抗衰老作用越显著。

相宜相克

- ✓ 玉米+木瓜（预防冠心病和糖尿病）
- ✓ 玉米+山药（营养更均衡）
- ✗ 玉米+田螺（易引起中毒）
- ✗ 玉米+红薯（易造成腹胀）

做法

1. 将洗净的芹菜切成粒，洗好去皮的洋葱、胡萝卜、莴笋切成粒。
2. 洗净的西红柿切成粒，洗好的玉米切成段。
3. 砂锅中注水烧开，放入切好的玉米、莴笋、胡萝卜、西红柿。
4. 盖上盖，用中火煮约2分钟至熟。
5. 揭盖，倒入芹菜、洋葱，拌匀煮沸。
6. 加入盐、鸡粉拌匀调味即成。

什锦蔬菜汤

烹饪时间 / 约18分钟　口味 / 清淡　功效 / 增强免疫力　适合人群 / 女性

原料

白萝卜350克，西红柿60克，苦瓜40克，黄豆芽30克，葱10克。

调料

盐3克，鸡粉2克，食用油少许。

·营养分析·

白萝卜热量少，纤维素含量多，吃后易产生饱胀感，有助于减肥。白萝卜含有的维生素C是保持细胞间质的必需物质，起着抑制癌细胞生长的作用，具有防癌、抗癌的功效。

西红柿　葱　苦瓜　白萝卜　黄豆芽

相宜相克

✅ 白萝卜+金针菇（缓解消化不良）
✅ 白萝卜+牛肉（补五脏、益气血）
✅ 白萝卜+猪肉（消食、除胀、通便）
❌ 白萝卜+黄瓜（破坏维生素C）
❌ 白萝卜+人参（功效相悖）

制作指导

蔬菜入锅烹饪的时间不宜过长，煮熟即可，以减少蔬菜中各类营养素的流失。

做法

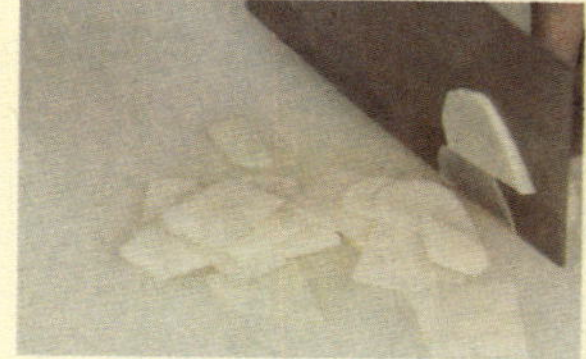
①将去皮洗净的白萝卜切成片备用。

②洗好的苦瓜切开，去除籽，改切成片。

③西红柿洗净，再切成片。

④洗好的黄豆芽切去根部。

⑤洗净的葱切成葱花。

⑥取炖盅，注入适量水，加盖烧开。

⑦揭盖，倒入苦瓜、白萝卜、黄豆芽、西红柿，再盖上盅盖。

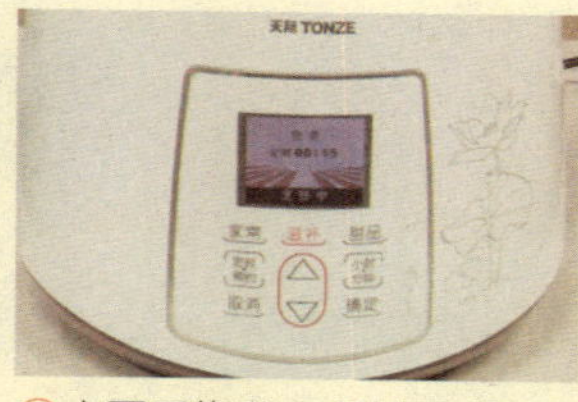

⑧水开后约煮15分钟至食材熟透入味。

⑨加入适量食用油。

⑩再加入鸡粉、盐，拌匀调味。

⑪加入葱花，拌匀。

⑫将煮好的蔬菜汤盛入碗中即成。

椰香酸辣汤

烹饪时间 / 约3分钟　口味 / 辣　功效 / 增强免疫力　适合人群 / 一般人群

原料

金针菇100克，西红柿90克，洋葱45克，柠檬30克，胡萝卜50克，口蘑60克。

调料

盐3克，鸡粉2克，辣椒粉、椰奶、白醋、食用油各适量。

营养分析

金针菇含锌量比较高，对儿童的身高和智力发育有良好的作用。

制作指导

椰奶不宜放太多，以免掩盖食材本身的味道。

相宜相克

- ✓ 金针菇+豆腐（降脂降压）
- ✓ 金针菇+豆芽（清热解毒）
- ✗ 金针菇+驴肉（易引起心痛）

做法

1. 洗净的金针菇切去老茎，口蘑切片，西红柿切片，洗好去皮的洋葱切条。
2. 胡萝卜切片，柠檬切片，装入碟中，倒入少许白醋，用手抓出汁。
3. 起锅热油，加入洋葱、金针菇、口蘑、胡萝卜、西红柿炒匀。
4. 注入适量清水，加盖，中火煮2分钟。
5. 揭盖，倒入柠檬汁、辣椒粉、盐、鸡粉。
6. 再倒入适量椰奶，搅拌均匀即成。

第三章

营养畜肉汤

畜肉食物是人们餐桌上最常见的也是最重要的动物性食品，因为肉类食物富含人体所需的脂肪、蛋白质和各种矿物质等，能为机体提供优质的蛋白质和必需的脂肪酸。畜肉汤浓香四溢，营养丰富，深受中外营养学家和养生达人的追捧。畜肉烹饪时油分和杂质较多，而煲汤则解决了这些问题，好的畜肉汤肉味浓厚却不油腻，色泽怡人，既营养又健康，实乃滋补养生之佳品。

三鲜汤

烹饪时间 / 约3分钟　口味 / 鲜　功效 / 降压降糖　适合人群 / 一般人群

原料

火腿肠1根，猪肉100克，香菇80克，姜丝10克，高汤500毫升，葱花少许。

调料

盐3克，味精、胡椒粉、食用油各适量。

·营养分析·

香菇是一种高蛋白、低脂肪的健康食品，它富含18种氨基酸，这些氨基酸活性高、易吸收。香菇中还含有30多种酶，有抑制血液中胆固醇升高和降血压的作用。

相宜相克

✅猪肉+红薯（降低胆固醇）
✅猪肉+白萝卜（消食、除胀、通便）
✅猪肉+白菜（开胃消食）
✅猪肉+莴笋（补脾益气）

❌猪肉+田螺（容易伤肠胃）
❌猪肉+驴肉（易导致腹泻）
❌猪肉+菊花（易对身体不利）
❌猪肉+鸽肉（易使人滞气）

制作指导

如果使用干香菇，要完全泡发开，且泡发香菇的水不要丢弃，可用来做高汤。

做法

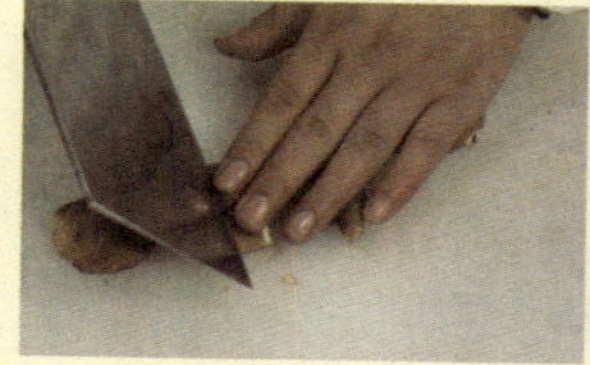
①洗净的香菇去蒂，再斜切成片备用。

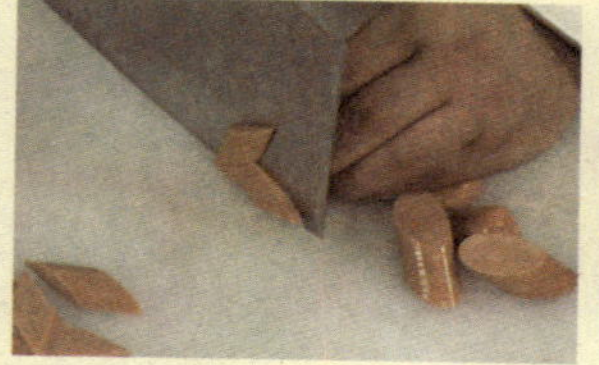
②火腿肠去掉外包装，切斜片。

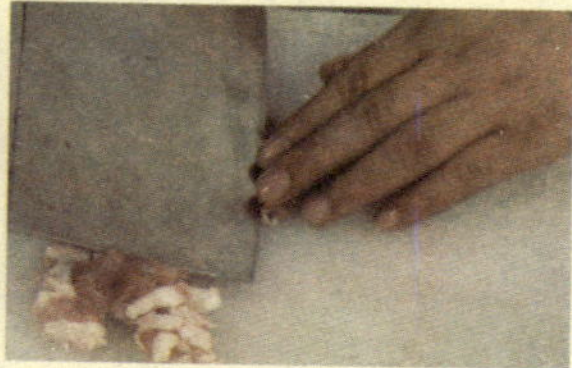
③洗净的猪肉切成片。

④将切好的食材都放在盘中待用。

⑤炒锅注油烧热，放入姜丝，煸炒出香味。

⑥倒入高汤。

⑦加入适量盐、味精调味。

⑧大火煮开。

⑨再倒入猪肉、香菇、火腿，煮约2分钟至材料熟透。

⑩撒入胡椒粉。

⑪拌匀入味。

⑫盛入盘中，撒上葱花即可。

参杞香菇瘦肉汤

烹饪时间 / 约42分钟　口味 / 清淡　功效 / 保肝护肾　适合人群 / 男性

原料

瘦肉200克，水发香菇100克，党参20克，枸杞、姜片各少许。

调料

盐3克，鸡粉2克，胡椒粉少许，料酒4毫升。

·营养分析·

枸杞具有养肝、滋肾、润肺的功效。枸杞中的枸杞色素主要包括胡萝卜素、叶黄素和其他有色物质。枸杞色素能提高人体免疫功能，预防和抑制肿瘤及动脉粥样硬化等。

制作指导

泡发香菇时，不可用开水浸泡或是加糖，因为这样会使香菇的水溶性成分丢失，进而损失其营养价值。

相宜相克

✓猪肉+芦笋（有利于维生素B_{12}的吸收）

✓猪肉+香菇（保持营养均衡）

做法

1. 党参洗净后切成长约2厘米的段；香菇洗净切小块；瘦肉洗净切粗条，改切成块，分别入盘待用。
2. 砂煲置火上，倒入适量清水烧开，放入党参、枸杞、香菇。
3. 再加入瘦肉块、姜片，淋入料酒。
4. 盖上盖，煮沸后用小火煮40分钟至食材熟透。
5. 揭盖，加盐、鸡粉调味，撒上少许胡椒粉。
6. 用锅勺拌匀调味，盛出装碗即成。

冬瓜薏米瘦肉汤

烹饪时间 / 约42分钟　口味 / 清淡　功效 / 瘦身排毒　适合人群 / 女性

原料

冬瓜300克，猪瘦肉200克，水发薏米50克，姜片少许。

调料

盐3克，鸡粉2克，胡椒粉少许。

·营养分析·

冬瓜中所含的丙醇二酸，能有效地抑制糖类转化为脂肪，再加上冬瓜本身不含脂肪，热量不高，对于防止人体发胖具有重要意义，还可以帮助健美体形。

制作指导

冬瓜不可过早地放入锅中煲煮，以免煮得过于熟软，失去脆嫩的口感。

相宜相克

- 冬瓜+海带（降血压）
- 冬瓜+芦笋（降血脂）
- 冬瓜+甲鱼（润肤、明目）
- 冬瓜+口蘑（利小便、降血压）

做法

1. 把瘦肉切成小肉块；把洗净去皮的冬瓜切开，去除瓜瓤，切成大块。
2. 砂煲中倒入适量清水，烧开，下入洗净的薏米，撒上姜片，再倒入瘦肉块。
3. 盖上盖子，用中小火煮约20分钟至薏米裂开。
4. 取下盖子，倒入冬瓜块再盖上盖子，用中火续煮约20分钟至全部食材熟软。
5. 揭开盖，转小火，放入盐、鸡粉、胡椒粉调味。
6. 将煲煮好的汤料盛在汤碗中即成。

胡萝卜玉米排骨汤

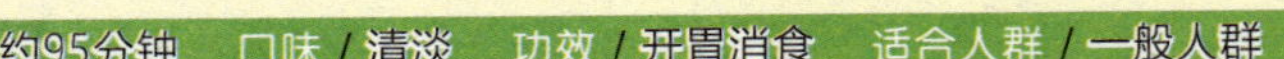

烹饪时间 / 约95分钟　口味 / 清淡　功效 / 开胃消食　适合人群 / 一般人群

原料

玉米80克，排骨150克，胡萝卜100克，姜片少许。

调料

盐3克，鸡粉1克。

·营养分析·

玉米含有多种人体必需的氨基酸和矿物质等营养元素，此外，玉米还含有较多的纤维素，能促进胃肠蠕动，缩短食物残渣在肠内的停留时间，并把有害物质排出体外，对防治直肠癌有重要作用。

制作指导

炖排骨时放少许醋，可使其更易熟，还可使排骨中的钙、磷、铁等矿物质溶解出来，利于吸收，营养价值更高。

相宜相克

- ✓ 玉米+鸽肉（预防神经衰弱）
- ✓ 玉米+梨（健胃消食、清暑热）
- ✗ 玉米+田螺（易引起中毒）
- ✗ 玉米+红薯（易造成腹胀）

做法

1. 洗好的玉米切成2厘米长的段；去皮洗好的胡萝卜切成小块；洗净的排骨斩成块备用。
2. 锅中加入约800毫升清水，放入排骨，大火煮沸，汆去血水后捞出排骨，洗去油沫。
3. 取一个内锅，放入姜片、胡萝卜、玉米和排骨，加入清水，盖上盖。
4. 将内锅放入已加入约800毫升清水的隔水炖盅中，盖上锅盖，水开后改小火炖1.5小时至排骨酥软。
5. 揭盖，取出炖好的玉米排骨汤，加入适量盐、鸡粉，拌匀调味即可食用。

玉竹板栗煲排骨

烹饪时间 / 约62分钟　口味 / 鲜　功效 / 降压降糖　适合人群 / 高血压患者

原料

排骨450克，板栗200克，玉竹30克。

调料

盐3克，鸡粉2克，料酒少许。

营养分析

板栗含有丰富的糖、脂肪、蛋白质、维生素C、维生素B_1、维生素B_2，还含有钙、磷、铁、钾等矿物质，具有强身健体的作用。此外，板栗还含有丰富的不饱和脂肪酸，能降低高血压、冠心病和动脉硬化等疾病的发病率。

制作指导

鲜板栗去皮后颜色很容易发黑，所以到使用时再去皮，可以使汤品更美观。

相宜相克

- ✓ 板栗+鸡肉（补肾虚、益脾胃）
- ✓ 板栗+白菜（健脑益肾）
- ✗ 板栗+杏仁（易引起胃痛）

做法

1. 把洗净的板栗剥开，再对半切开，洗净的排骨斩成小段。
2. 锅中倒入适量清水，放排骨段煮沸，汆去血渍，撇去浮沫，捞出沥干水分。
3. 砂煲中注入适量清水，用火煮沸，倒入汆好的排骨段、板栗、玉竹，拌匀。
4. 淋入少许料酒，盖上盖，煮沸后用小火炖煮约60分钟至食材熟透。
5. 揭盖，加入盐、鸡粉拌匀。
6. 将煮好的排骨汤盛入汤碗中即成。

木瓜排骨汤

烹饪时间 / 约60分钟　口味 / 鲜　功效 / 美容养颜　适合人群 / 女性

原料

木瓜200克，排骨500克，姜片15克，蜜枣30克。

调料

盐3克，鸡粉3克，料酒4毫升，胡椒粉少许。

·营养分析·

木瓜含有番木瓜碱、木瓜蛋白酶、胡萝卜素，并富含多种氨基酸，具有护肝降酶、抗炎抑菌、降血脂的作用。此外，常食木瓜还能美容、护肤、乌发、丰胸、减肥。

相宜相克

✅木瓜+莲子（促进新陈代谢）

✅木瓜+椰子（有效消除疲劳）

✅木瓜+鱼（养阴、补虚、通乳）

✅木瓜+牛奶（明目、清热、通便）

❌木瓜+南瓜（降低营养价值）

❌木瓜+胡萝卜（破坏木瓜中的维生素C）

制作指导

木瓜丁不要切得太小，以免炖煮后过于熟烂，影响汤品外观和口感。

做法

①洗净的木瓜去皮，去籽，把果肉切长条，改切成丁。

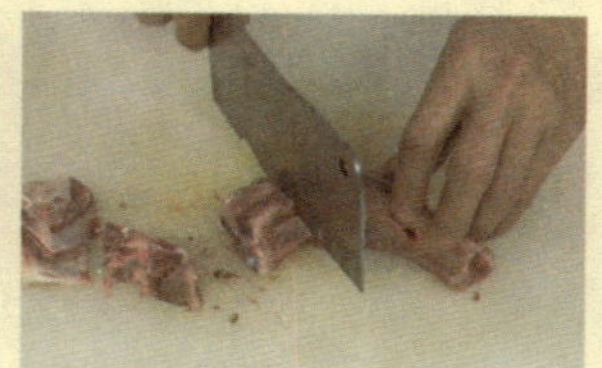

②洗净的排骨斩成块。

③砂锅中倒入600毫升清水，放入排骨。

④盖上盖，大火烧开。

⑤揭盖，撇去浮沫。

⑥放入准备好的蜜枣、姜片。

⑦加入适量料酒。

⑧再放入切好的木瓜。

⑨盖上盖，烧开后用小火炖1小时至散发香味。

⑩揭盖，加入适量鸡粉、盐、胡椒粉。

⑪用锅勺拌匀调味。

⑫关火，取下砂锅，即成。

莲藕排骨汤

烹饪时间 / 约75分钟　口味 / 清淡　功效 / 养心润肺　适合人群 / 一般人群

原料

莲藕450克，排骨200克，生姜1块，葱1根，花生少许。

调料

盐、料酒、鸡汁各适量。

·营养分析·

在根茎类植物中，莲藕含铁量较高，故对缺铁性贫血的患者颇为适宜。莲藕的含糖量不算很高，又含有大量的维生素C和膳食纤维，对于肝病、便秘、糖尿病等虚弱症的人群十分有益。藕中还含有丰富的丹宁酸，具有收缩血管和止血的作用。

制作指导

在炖煮骨类食材时，最好在煲汤时加点儿醋，有利于营养素在汤中分解。

相宜相克

- ✓ 莲藕+猪肉（滋阴血、健脾胃）
- ✓ 莲藕+生姜（止呕）
- ✗ 莲藕+菊花（易导致腹泻）
- ✗ 莲藕+人参（属性相反，不能起到补益的作用）

做法

1. 生姜洗净切丝，葱洗净，切葱花，莲藕去皮切小块，排骨斩切小块。
2. 锅中倒入适量清水，放入排骨，焯熟后捞出沥水，备用。
3. 热锅倒入适量清水，放入姜丝、花生、排骨拌匀，盖上锅盖焖煮5分钟。
4. 揭开锅盖，将热汤倒入砂煲中，开小火炖煮1小时。
5. 排骨炖煮熟烂，放入莲藕，加适量盐、料酒、鸡汁拌匀，炖煮10分钟即可关火，在汤中撒入少许葱花即成。

菠萝苦瓜排骨汤

烹饪时间 / 约75分钟　口味 / 鲜　功效 / 开胃消食　适合人群 / 一般人群

原料

菠萝肉150克，苦瓜200克，排骨600克，姜片10克。

调料

盐3克，料酒3毫升，鸡粉3克，胡椒粉适量。

营养分析

苦瓜含丰富的蛋白质、脂肪、粗纤维、维生素及矿物质，具有清热祛暑、明目解毒、降压降糖、利尿凉血、解乏清心、益气壮阳之功效。此外，苦瓜还能加速伤口愈合，多食有助于皮肤细嫩柔滑。

制作指导

鲜菠萝先用盐水泡上一段时间再烹饪，不仅可以减少菠萝蛋白酶对口腔黏膜和嘴唇的刺激，还能使菠萝更加香甜。

相宜相克

- ✓ 菠萝+茅根（辅助治疗肾炎）
- ✓ 菠萝+鸡肉（补虚填精、温中益气）
- ✗ 菠萝+牛奶（影响消化吸收）
- ✗ 菠萝+鸡蛋（影响消化吸收）

做法

1. 将洗净的苦瓜去掉籽，切条，改切长段，菠萝肉切块，排骨洗净斩段。
2. 锅中加1000毫升清水，入排骨，烧开，加少许料酒拌匀。
3. 大火煮约10分钟，撇去浮沫，捞出排骨。
4. 锅中另加清水烧开，入排骨、苦瓜、姜片，加料酒。
5. 加入菠萝煮沸，将菠萝、苦瓜、排骨捞出。
6. 将食材转到砂煲，改小火炖1小时。
7. 加盐、鸡粉、胡椒粉，拌匀入味即可。

西洋参排骨滋补汤 

烹饪时间 / 约63分钟　口味 / 鲜　功效 / 增强免疫力　适合人群 / 一般人群

原料

排骨400克，油菜100克，西洋参15克，姜片少许。

调料

盐3克，鸡粉2克，料酒适量。

营养分析

油菜含有人体所需的矿物质、维生素等成分，可以保持血管弹性，还有抑制溃疡的作用。

油菜

排骨

姜

西洋参

相宜相克

✅ 猪排骨+西洋参（滋阴生津）

✅ 猪排骨+洋葱（抗衰老）

❌ 猪排骨+甘草（易对身体不利）

制作指导

排骨斩成小块后，用刀背拍打骨头使其破裂，这样熬煮出来的汤汁的味道更佳，也更有营养。

做法

①把洗净的排骨斩成小件。

②洗好的油菜修整齐，对半切开。

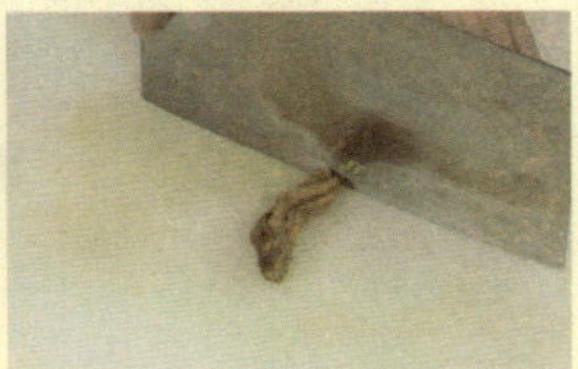

③西洋参洗净，切成段状。

④锅中注入适量清水煮沸，倒入排骨段拌匀，煮约2分钟。

⑤撇去锅中浮沫，捞出煮好的排骨段，沥干水分待用。

⑥砂煲中倒水煮沸，放入西洋参、排骨段、姜片。

⑦淋入少许料酒拌匀。

⑧盖上盖，煮沸后改小火煮约60分钟至食材熟透。

⑨揭盖，加入适量盐、鸡粉。

⑩放入油菜，拌煮至熟，捞出待用。

⑪将砂煲中的剩余食材盛入汤碗中，再倒入砂煲中的汤汁。

⑫把煮熟的油菜摆放在汤碗中即成。

党参蜜枣猪骨汤

烹饪时间 / 约62分钟　口味 / 鲜　功效 / 益气补血　适合人群 / 女性

猪骨300克，蜜枣60克，党参30克，姜片少许。

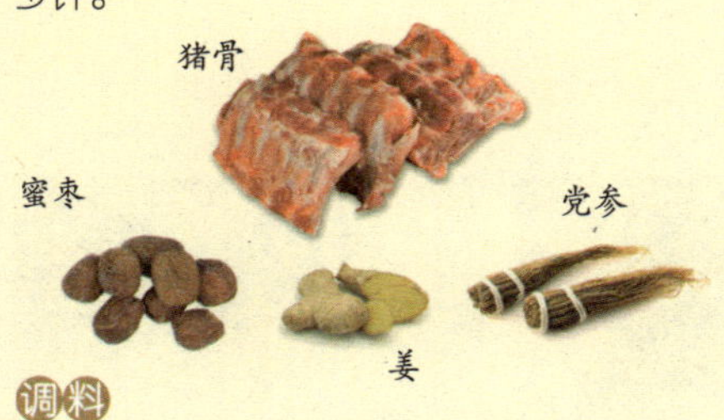

调料

盐3克，鸡粉2克，料酒10毫升，胡椒粉少许。

·营养分析·

猪骨除含蛋白质、脂肪、维生素外，还含大量磷酸钙、骨胶原、骨黏蛋白等，有补脾气、润肠胃、生津液、丰机体、泽皮肤、补中益气、养血健骨的功效。儿童经常喝骨头汤，能增强骨髓的造血功能，有助于骨骼的生长发育，成人喝则可延缓衰老。

制作指导

猪骨汆水后再煲煮成汤汁，可使汤汁的成色更好看，味道也更鲜美。

相宜相克

- ✓ 猪骨+西洋参（滋阴生津）
- ✓ 猪骨+洋葱（抗衰老）
- ✗ 猪骨+甘草（易对身体不利）

做法

1. 将洗净的党参切成长约3厘米的段，把洗净的猪骨斩成小块。
2. 砂煲放置在火上，注入半锅清水烧开。
3. 倒入切好的猪骨，再下入党参、姜片、蜜枣，拌匀，淋入料酒。
4. 盖上盖子，煮沸后转小火，煲煮约60分钟至食材熟透。
5. 揭开盖，调入盐、鸡粉，拌匀调味。
6. 再撒上少许胡椒粉，搅拌均匀。
7. 盛出装碗即可。

胡萝卜马蹄猪骨汤

烹饪时间 / 约62分钟　口味 / 鲜　功效 / 防癌抗癌　适合人群 / 一般人群

原料

猪骨350克，胡萝卜80克，马蹄肉120克，姜片15克。

调料

盐3克，鸡粉2克，胡椒粉1克，料酒10毫升。

营养分析

胡萝卜富含胡萝卜素、维生素及钙、铁等成分。其所含的维生素B_2和叶酸有抗癌的作用，经常食用可以增强人体的抗癌能力。

制作指导

炖制此汤时，宜选用表皮颜色偏红、捏上去硬一点儿的马蹄，若削开的马蹄肉是黄的，表明其已不新鲜，不宜食用。

相宜相克

- ✓ 胡萝卜+哈密瓜（生津止渴、美容养颜）
- ✓ 胡萝卜+猪肝（补血、养肝）
- ✗ 胡萝卜+白萝卜（降低营养价值）

做法

1. 将洗净去皮的胡萝卜切滚刀块，洗好的马蹄肉切成小块，排骨斩小块。
2. 锅中注水烧开，倒入猪骨和少许料酒。
3. 汆煮约1分钟，撇去浮沫，继续煮半分钟，捞出沥干水分。
4. 锅中注水烧开，下入姜片、猪骨、马蹄、胡萝卜、料酒。
5. 盖上锅盖，用大火烧开后改小火炖1小时至猪骨熟烂。
6. 揭开锅盖，调入盐、鸡粉搅拌均匀，加入胡椒粉。
7. 关火后端下砂煲即可。

芥菜咸骨煲

烹饪时间 / 约60分钟　口味 / 咸　功效 / 增强免疫力　适合人群 / 一般人群

原料

排骨550克，芥菜200克，红椒片35克，姜片少许。

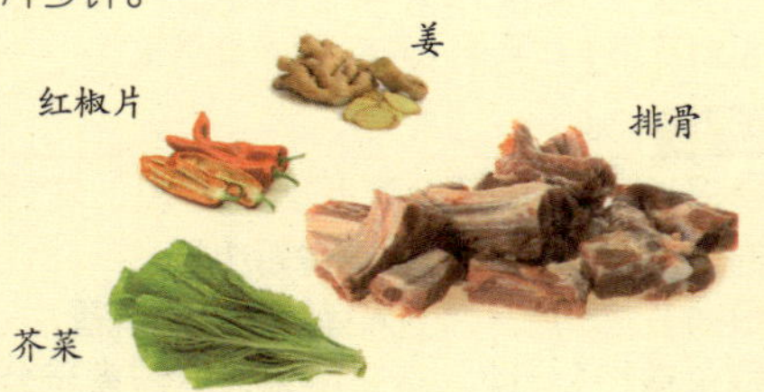

调料

盐、鸡粉、食用油各适量。

营养分析

排骨具有很高的营养价值，有滋阴壮阳、益精补血、强壮体格的作用。排骨除含蛋白质、脂肪、维生素外，还含有大量磷酸钙、骨胶原、骨黏蛋白等，尤其适宜给幼儿和老人补充钙质。

制作指导

芥菜滑油时的油温不宜太高，四成热最佳，以免影响芥菜的鲜嫩口感。

相宜相克

- ✓ 排骨+西洋参（滋阴生津）
- ✓ 排骨+洋葱（抗衰老）
- ✗ 排骨+甘草（易对身体不利）

做法

1. 排骨洗净斩成小段，芥菜洗净切成小块。
2. 斩段的排骨加盐拌匀，腌至入味。
3. 炒锅注油烧热，放入芥菜滑油片刻捞起，沥干备用。
4. 锅中注水烧热，入排骨，烧开，去浮沫，放入姜片拌匀，再放入芥菜烧开。
5. 加鸡粉、盐调味，搅匀，将锅中材料移至砂煲内，放入红椒片。
6. 将砂锅置于火上，用小火煲至熟透即可。

农家排骨汤

烹饪时间 / 约77分钟　口味 / 鲜　功效 / 增强免疫力　适合人群 / 一般人群

原料

排骨350克，玉米120克，莴笋100克，姜片少许。

调料

盐、鸡粉各少许。

·营养分析·

莴笋的碳水化合物含量较低，而矿物质、维生素的含量较丰富，尤其是含有较多的烟酸。烟酸是胰岛素的激活剂，糖尿病患者常食莴笋，可改善糖代谢。莴笋还含有微量元素锌、铁，其所含的铁元素很容易被人体吸收，可以防治缺铁性贫血。

制作指导

熬煮此汤时，可以放入少许陈皮，不仅能提味，还可使排骨中的营养物质更容易释放出来。

相宜相克

- ✓ 排骨+西洋参（滋阴生津）
- ✓ 排骨+洋葱（抗衰老）
- ✗ 排骨+甘草（易对身体不利）

做法

1. 把去皮洗净的莴笋切滚刀块，洗净的排骨斩成小段。
2. 锅中倒入适量清水烧开，放入排骨段，汆去血沫，捞出汆好的排骨，沥干待用。
3. 砂煲放置火上，注入适量清水煮沸，倒入排骨和洗净的玉米粒。
4. 煮沸后用小火续煮约60分钟。
5. 撒入姜片、莴笋块，煮沸后再煮约15分钟至莴笋熟透。
6. 加入盐、鸡粉，拌匀调味即成。

冬笋猪蹄汤 

烹饪时间 / 约62分钟　口味 / 鲜　功效 / 美容养颜　适合人群 / 女性

原料

猪蹄300克，冬笋150克，水发香菇10克，姜片少许。

调料

盐3克，鸡粉2克，胡椒粉4克，白醋10毫升，料酒适量。

·营养分析·

猪蹄含有丰富的蛋白质、脂肪，并含有钙、磷、镁、铁及维生素A、维生素D、维生素E等成分，其营养物质的吸收利用率较高。此外，猪蹄还含有丰富的胶原蛋白，能润泽皮肤，增强皮肤的弹性和韧性，延缓衰老，促进儿童生长发育。

水发香菇

冬笋

猪蹄

姜

相宜相克

✓ 冬笋+鸡腿菇（促进消化）

✓ 冬笋+香菇（生津止渴、清热利尿）

✓ 冬笋+枸杞（辅助治疗咽喉疼痛）

✗ 冬笋+红糖（对身体不利）

制作指导

香菇在出锅前15分钟放入，能增强汤汁的香味和鲜味。

做法

①把去皮洗净的冬笋切开，改切成小块。

②洗净的猪蹄斩成小块。

③锅中注水烧开，倒入冬笋块拌匀，煮约1分钟，捞出待用。

④把猪蹄放入锅中，倒入白醋拌匀，煮约2分钟，捞出。

⑤砂煲中倒入半锅水烧开，放入姜片和洗好的香菇。

⑥倒入煮好的猪蹄、冬笋。

⑦淋入少许料酒。

⑧盖上盖，煮沸后用小火续煮约60分钟至食材熟软。

⑨取下盖，撇去浮沫。

⑩加入盐、鸡粉、胡椒粉。

⑪用锅勺拌匀。

⑫将煮好的汤盛入汤碗中即成。

海带黄豆猪蹄汤

烹饪时间 / 约62分钟　口味 / 鲜　功效 / 降压降糖　适合人群 / 糖尿病患者

原料

猪蹄500克，水发黄豆100克，海带80克，姜片40克。

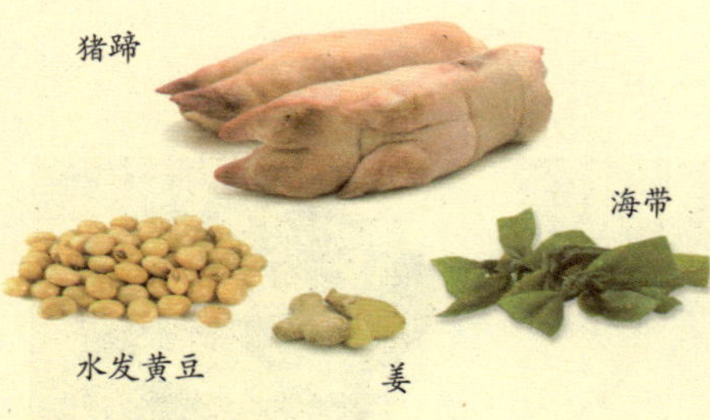

调料

盐、鸡粉各2克，胡椒粉少许，料酒6毫升，白醋15毫升。

营养分析

黄豆含有人体必需的多种氨基酸，尤以赖氨酸含量最高。此外，黄豆还含有不饱和脂肪酸，有降低胆固醇的作用。黄豆的膳食纤维含量也较多，糖尿病患者食用黄豆有减少糖类物质吸收的作用。

制作指导

黄豆的泡发时间要在6小时以上，这样煲煮的汤味道会更鲜美。

相宜相克

- ✓ 海带+山楂（清脂、减肥）
- ✓ 海带+辣椒（开胃消食）
- ✗ 海带+猪血（易引起便秘）
- ✗ 海带+柿子（降低营养）

做法

1. 将洗净的猪蹄斩成小块，洗好的海带切开，再切成小块。
2. 锅中注入适量清水烧开，放入猪蹄，淋上白醋煮一会儿，捞出沥干水分。
3. 再放入切好的海带搅匀，煮约半分钟，捞出沥干水分，待用。
4. 砂锅中注水烧开，放入姜片、黄豆、猪蹄、海带搅匀，淋入料酒。
5. 盖上盖，煮沸用小火煲煮约1小时，至全部食材熟透。
6. 揭开盖，加入鸡粉、盐搅拌片刻，撒入胡椒粉搅匀，再煮片刻至汤汁入味即可。

西洋参红枣猪尾汤

烹饪时间 / 约62分钟　口味 / 鲜　功效 / 美容养颜　适合人群 / 一般人群

原料

猪尾250克，姜片10克，西洋参7克，红枣30克。

调料

盐3克，鸡粉2克，料酒5毫升。

·营养分析·

猪尾含有较多的胶原蛋白，是皮肤组织不可或缺的营养成分，可以改善痘疮遗留的疤痕，猪尾还有补肾精、益骨髓的功效。青少年常食猪尾，可促进骨骼发育，中老年人常食猪尾，则可延缓骨质老化和早衰。

制作指导

红枣皮含有丰富的营养素，炖汤时应连皮一起炖。

相宜相克

- 西洋参+排骨（益气补血）
- 西洋参+燕窝（养阴润燥、清火益气）
- 西洋参+甲鱼（补气养阴、清火去热）
- 乌鸡（健脾益肺、养血养肝）

做法

1. 将洗净的猪尾斩成块。
2. 锅中倒入清水烧开，倒入猪尾。
3. 稍煮后撇去浮沫，再捞出猪尾，沥干备用。
4. 砂锅中注入约800毫升清水，用大火烧开，倒入猪尾、西洋参、红枣、姜片。
5. 淋入料酒，盖上锅盖，转小火煮1小时至猪尾熟软。
6. 揭盖，加入适量盐、鸡粉，拌匀调味，再煮片刻至入味。
7. 把煮好的汤盛出，装入汤碗中即可。

红枣桂圆猪肘汤

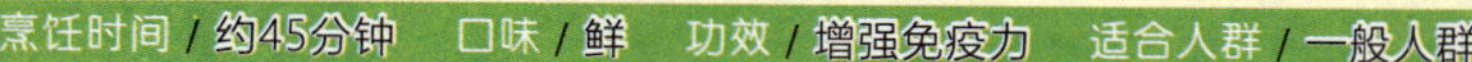

原料

猪肘300克，红枣40克，桂圆20克，枸杞5克，姜片少许。

调料

盐、鸡粉、味精、胡椒粉、料酒各适量。

·营养分析·

猪肘营养丰富，尤其富含胶原蛋白，还含有较多的脂肪和碳水化合物，并含有钙、磷、镁、铁及维生素A、维生素D、维生素E、维生素K等有益成分。常吃猪肘可延缓皮肤衰老，使皮肤丰满润泽，富有弹性。

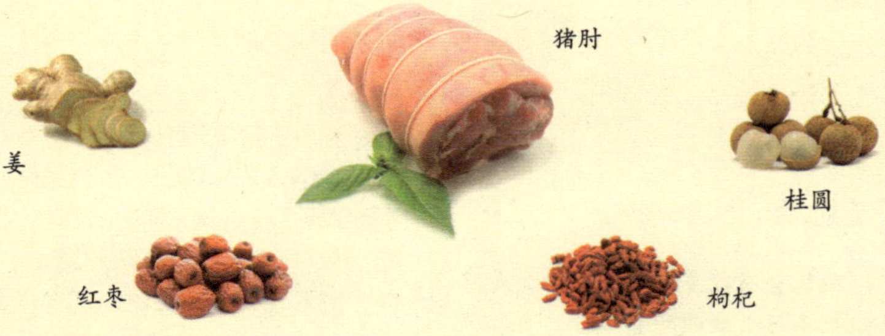

猪肘　姜　桂圆　红枣　枸杞

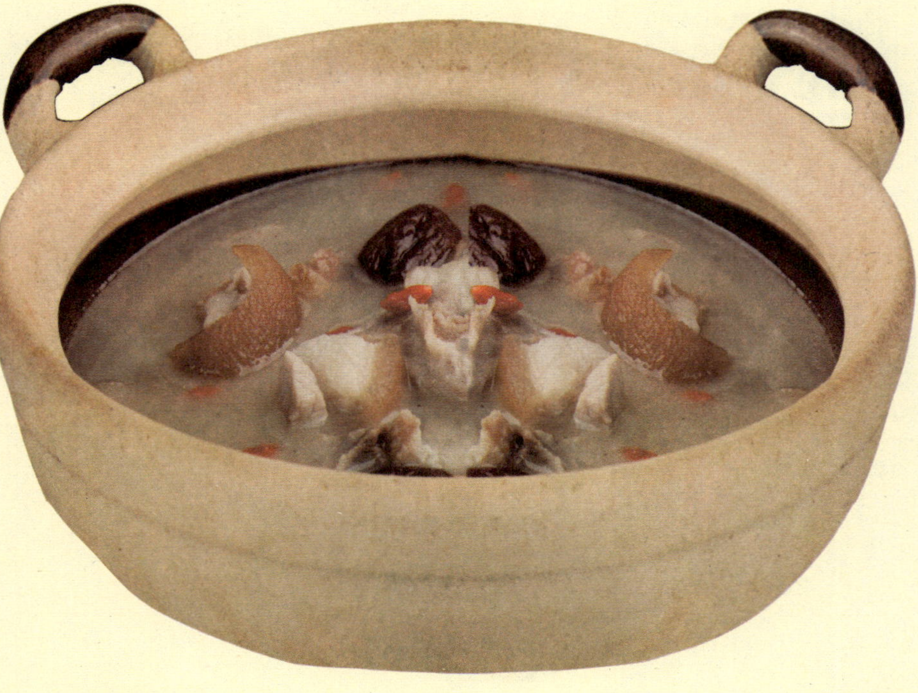

相宜相克

✅猪肘+木瓜（丰胸养颜）　✅猪肘+花生（养血生精）

✅猪肘+黑木耳（滋补阴液）　✅猪肘+章鱼（补肾）

制作指导

提前将新鲜猪肘放入用八角、桂皮、丁香、草果、姜、葱调制成的卤水中，小火慢卤40分钟至入味，取出放凉，拆去骨头再烹制。

做法

①将提前卤好的猪肘切块。

②起油锅，倒入姜片。

③加入猪肘块。

④淋入料酒翻炒匀，加入适量清水。

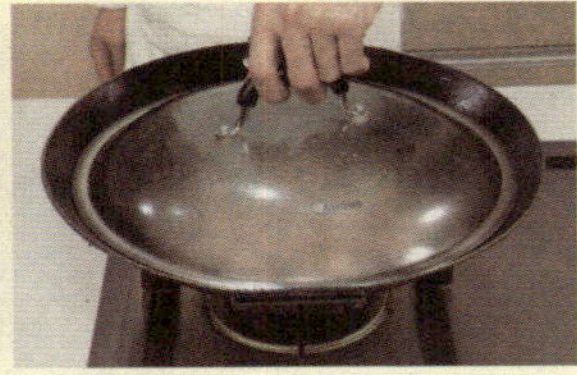

⑤加盖，用大火煮沸。

⑥揭盖，捞去浮沫。

⑦加入洗净的红枣、枸杞、桂圆大火烧开。

⑧将煮好的材料倒入砂锅中，置于火上。

⑨加盖，用慢火煲40分钟至猪肘熟烂。

⑩揭盖，捞去浮沫。

⑪再加入盐、鸡粉、味精、胡椒粉。

⑫关火，端出即成。

猪肺菜干汤

烹饪时间 / 约65分钟　口味 / 鲜　功效 / 养心润肺　适合人群 / 老年人

原料

猪肺300克，菜干100克，姜片、罗汉果各少许。

调料

盐、味精、鸡粉、料酒各适量。

·营养分析·

猪肺含蛋白质、脂肪、钙、磷、铁、维生素等营养成分，有补虚、止咳、止血之功效，尤其适合肺虚久咳者和肺结核患者食用。菜干富含膳食纤维和矿物质，食用后能消除内火、清热益肠，还能防治皮肤病。

制作指导

清洗猪肺时，放适量面粉和水，用手反复揉搓，可彻底去除猪肺上的附着物。

相宜相克

✓ 猪肺+白萝卜（可改善咳嗽）

✓ 猪肺+白及（改善咯血症状）

✗ 猪肺+花菜（易引发滞气）

做法

1. 将洗好的菜干切段，再将猪肺洗净切块。
2. 锅中加适量清水烧开，倒入菜干煮沸，捞出。
3. 倒入猪肺，加盖煮3分钟至熟透，捞出猪肺洗净。
4. 锅置旺火，注油烧热，倒入姜片爆香，倒入猪肺，加料酒炒匀。
5. 加适量清水，加盖煮沸，倒入菜干、罗汉果煮沸。
6. 将食材倒入砂煲，加盖，大火烧开改小火炖1小时。
7. 揭盖，加盐、味精、鸡粉调味，端砂煲上桌即可。

滋补明目汤

烹饪时间 / 约4分钟　口味 / 鲜　功效 / 增强免疫力　适合人群 / 儿童

原料

猪肝120克，苦瓜200克，姜片、葱花各少许。

调料

盐4克，鸡粉3克，料酒、食用油各适量。

营养分析

猪肝的铁含量较高，有补血健脾、养肝明目的功效。它还含有维生素C和硒，可增强儿童的免疫力。苦瓜含有蛋白质、碳水化合物和维生素C等，儿童常食，可聪耳明目、增强免疫力。

相宜相克

✓ 苦瓜+辣椒（排毒瘦身）
✓ 苦瓜+茄子（延缓衰老）
✓ 苦瓜+洋葱（增强免疫力）
✓ 苦瓜+玉米（清热解毒）

✗ 苦瓜+豆腐（易形成结石）
✗ 苦瓜+黄瓜（降低营养价值）
✗ 苦瓜+胡萝卜（降低营养价值）
✗ 苦瓜+南瓜（破坏维生素C）

制作指导

苦瓜口感爽脆，入锅后不宜煮制过久，以免过于熟烂，营养价值也会降低。

做法

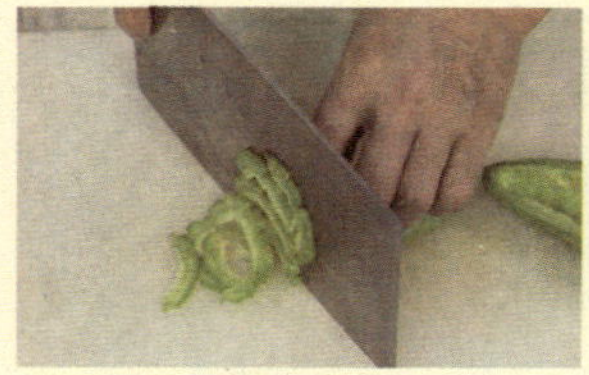

①洗净的苦瓜对半切开，去籽，切成片。

②将苦瓜片装入碗中，加2克盐，倒入适量清水，抓匀。

③将苦瓜洗净，装入盘中待用。

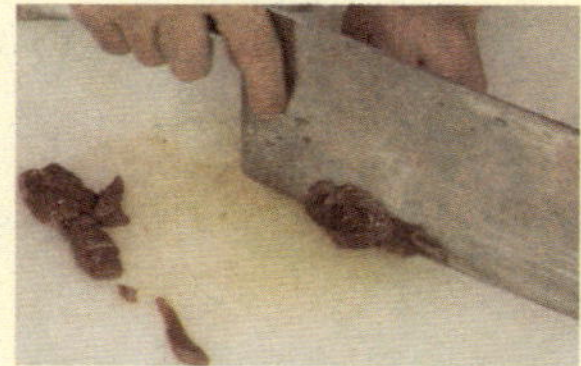

④洗好的猪肝切成片。

⑤将猪肝装入碗中，加少许盐、鸡粉、料酒。

⑥抓匀，腌10分钟至入味。

⑦锅中注入适量清水烧开，放入姜片、苦瓜。

⑧加入适量食用油。

⑨盖上盖，用中火煮至熟。

⑩揭开盖，放入适量盐、鸡粉，拌匀调味。

⑪倒入猪肝，拌匀，用大火烧约1分钟至熟。

⑫将锅中汤料盛入碗中，撒上葱花即成。

菠菜猪肝汤

烹饪时间 / 约5分钟　口味 / 鲜　功效 / 降血压　适合人群 / 老年人

原料

菠菜100克，猪肝70克，高汤适量，姜丝、胡萝卜片各少许。

调料

盐、鸡粉、白糖、料酒、葱油、味精、水淀粉、胡椒粉各适量。

营养分析

菠菜含有丰富的维生素C、胡萝卜素、蛋白质，以及铁、钙、磷等矿物质。

制作指导

烹饪菠菜前，将菠菜放入热水中焯煮片刻可减少草酸含量。

相宜相克

- ✓ 菠菜+猪肝（防治贫血）
- ✓ 菠菜+鸡血（保肝护肾）
- ✗ 菠菜+大豆（损害牙齿）
- ✗ 菠菜+鳝鱼（引起腹泻）

做法

1. 把猪肝洗净切片，菠菜洗净，切段。
2. 猪肝片加少许料酒、盐、味精、水淀粉拌匀，腌一会儿。
3. 锅中倒入高汤，放入姜丝。
4. 加适量盐，再放鸡粉、白糖、料酒烧开。
5. 放入猪肝，拌匀煮沸。
6. 下入菠菜、胡萝卜片拌匀，煮至熟透。
7. 淋入些葱油，撒上胡椒粉搅匀，盛出即可。

虫草山药猪腰汤

烹饪时间 / 约32分钟　口味 / 鲜　功效 / 保肝护肾　适合人群 / 男性

原料

水发虫草花50克，猪腰180克，山药200克，姜片少许。

调料

盐3克，鸡粉2克，胡椒粉1克，白醋5毫升，料酒5毫升。

营养分析

猪腰对肾虚腰痛、遗精盗汗、产后虚羸、身面浮肿等症具有食疗作用。

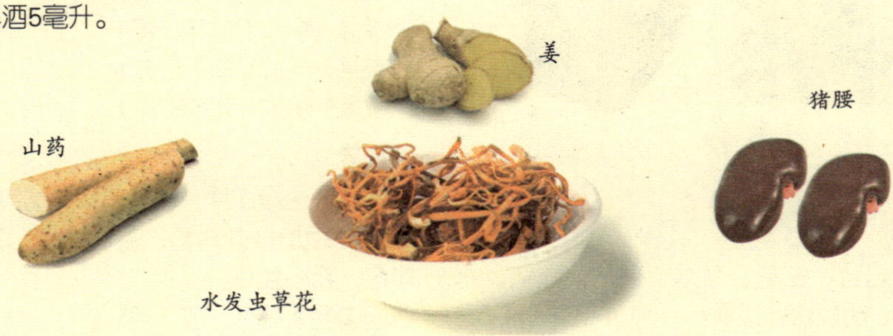

姜

山药

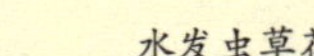

水发虫草花

猪腰

相宜相克

✅猪腰+豆芽（滋肾润燥）
✅猪腰+竹笋（补肾利尿）
❌猪腰+茶树菇（影响营养吸收）

制作指导

猪腰腥味较重，入锅煮制时可以放入少许甘草或陈皮去腥。

做法

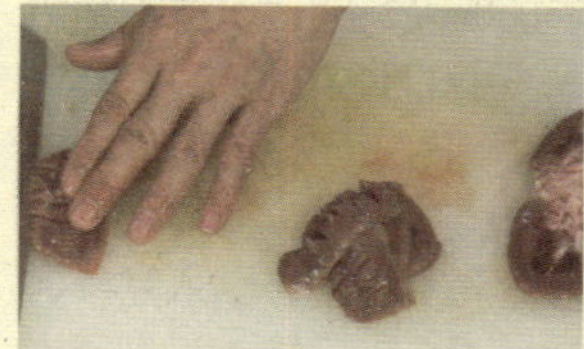
①猪腰切去筋膜，在内侧切上一字花刀，改切成片。

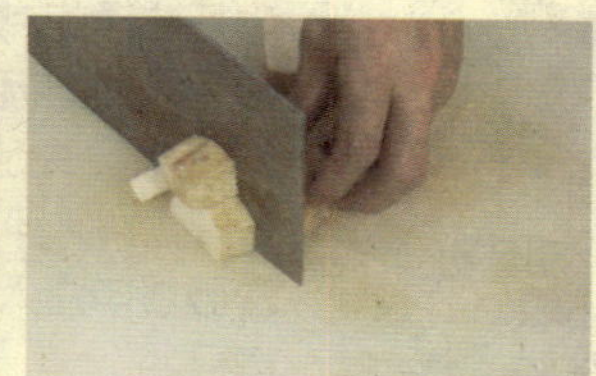
②去皮洗净的山药对半切开，切厚块，改切成丁。

③锅中注入700毫升清水烧开，倒入白醋，放入山药，煮1分钟。

④把焯过水的山药捞出，备用。

⑤将猪腰放入沸水锅中，煮1分钟，汆去血水。

⑥把汆过水的猪腰捞出，备用。

⑦砂锅中注入700毫升清水烧开，放入虫草花、姜片。

⑧下入猪腰、山药，加入少许料酒。

⑨盖上盖，用大火烧开后，转小火炖30分钟至食材熟透。

⑩揭盖，放入盐、鸡粉、胡椒粉调味。

⑪用锅勺拌匀调味。

⑫盛出，装入汤碗中即可。

猪腰枸杞汤

烹饪时间 / 约17分钟　口味 / 鲜　功效 / 保肝护肾　适合人群 / 男性

原料

猪腰300克，党参、枸杞、姜片各少许。

调料

盐4克，鸡粉2克，料酒10毫升，胡椒粉少许。

营养分析

猪腰含有蛋白质、脂肪、钙、磷、铁、维生素等成分。中医认为，猪腰性平，味咸，归肾经，具有补肾益精、理气、利水的功效。

制作指导

猪腰的白色纤维膜内有一个浅褐色腺体，那就是肾上腺，它富含皮质激素和髓质激素，烹饪前必须清除。

相宜相克

- ✓ 枸杞+葡萄（补血良品）
- ✓ 枸杞+莲子（健美抗衰、乌发明目）
- ✗ 枸杞+绿茶（生成人体难以吸收的物质）

做法

1. 把洗净的党参切成段，处理干净的猪腰切开，去除筋膜，用斜刀切成薄片。
2. 将猪腰片放入碗中，加入盐、料酒拌匀，腌10分钟。
3. 砂煲中注入适量清水烧开，倒入党参、枸杞。
4. 盖上盖，用大火煮沸后转小火煮约15分钟。
5. 揭开盖，下入姜片、猪腰片、盐、鸡粉、胡椒粉拌匀。
6. 煮片刻至猪腰片熟透，撇去浮沫即成。

黄芪桂圆猪心汤

烹饪时间 / 约32分钟　口味 / 鲜　功效 / 养心润肺　适合人群 / 男性

原料

猪心300克，姜片少许，桂圆、红枣各35克，黄芪15克。

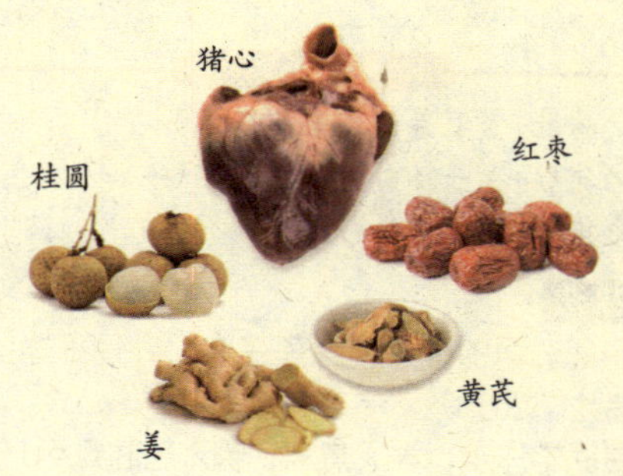

调料

盐3克，鸡粉2克，胡椒粉少许，料酒7毫升。

营养分析

常食猪心，可营养心肌，增强心肌收缩力，还有利于功能性或神经性心脏疾病的痊愈。

制作指导

猪心有股异味，如果处理不好，菜肴的味道就会变差。买回猪心后，用少许生粉拌匀腌一下，再放置1小时左右，然后洗净，这样烹煮出来的猪心味美纯正。

相宜相克

- ✓ 猪心+胡萝卜（缓解神经衰弱）
- ✓ 猪心+苹果（消除疲劳、补充体力）
- ✗ 猪心+茶叶（易引起便秘）

做法

1. 将处理干净的猪心切片，装盘待用。
2. 砂煲中注入适量清水烧开，放入洗净的红枣、黄芪、桂圆。
3. 下入姜片，倒入切好的猪心，拌匀。
4. 淋入少许料酒，用大火煮沸。
5. 撇去浮沫，转小火煲煮约30分钟至熟。
6. 加盐、鸡粉、胡椒粉，拌匀调味，盛出即可。

莲子枸杞猪肚汤

烹饪时间 / 约42分钟　口味 / 鲜　功效 / 开胃消食　适合人群 / 老年人

原料

猪肚300克，水发莲子80克，枸杞、姜片各少许。

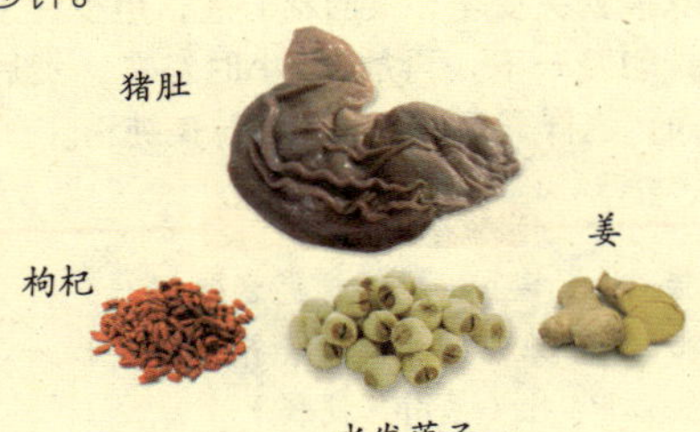

调料

盐、鸡粉各2克，胡椒粉3克，料酒适量。

·营养分析·

猪肚含有大量的钙、钾、钠、镁、铁、维生素A、维生素E、蛋白质、脂肪等成分，有暖肠胃、除胃积、消食、温中散寒，醒脾开胃的功效。

制作指导

猪肚表皮的黏液较多，可以用少许白醋清洗猪肚，切的时候就不易滑刀了。

相宜相克

- ✓ 猪肚+黄豆芽（增强免疫力）
- ✓ 猪肚+莲子（补脾健胃）
- ✗ 猪肚+樱桃（易引起消化不良）

做法

1. 把洗净的莲子去除莲子心，处理干净的猪肚切成小块。
2. 锅中注水，大火煮沸，倒入猪肚煮约1分钟，捞出汆好的猪肚，沥干待用。
3. 砂煲中注水烧开，放入猪肚，撒上洗净的枸杞。
4. 放入莲子、姜片，淋入少许料酒。
5. 煮沸后用小火再煮约40分钟至熟软。
6. 加盐、鸡粉，撒上胡椒粉，即成。

无花果猪肚汤

烹饪时间 / 约62分钟　口味 / 清淡　功效 / 开胃消食　适合人群 / 肠胃病患者

原料

猪肚300克，无花果60克，蜜枣30克，姜片少许。

调料

盐4克，鸡粉2克，胡椒粉、料酒各少许。

·营养分析·

猪肚中含有大量的钙、钾、钠、镁、铁等元素，还含有维生素A、维生素E、蛋白质、脂肪等成分。有健脾胃、补虚损、通血脉、利水等功效，对胃寒、心腹冷痛、因受寒导致的消化不良、虚寒性胃痛有食疗作用。

无花果

蜜枣

姜

猪肚

相宜相克

✅猪肚+金针菇（开胃消食）
✅猪肚+生姜（阻碍胆固醇的吸收）
✅猪肚+糯米（益气补中）

❎猪肚+芦荟（易引起腹泻）
❎猪肚+豆腐（不利于营养物质吸收）

制作指导

猪肚先用适量的白醋洗去表皮黏液，再撒上适量的生粉搓洗几次，可以有效去除其异味。

做法

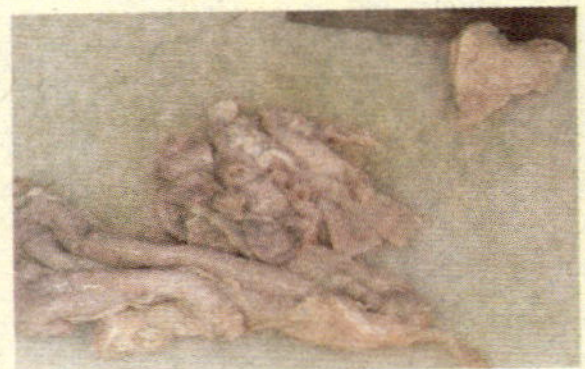
①把洗净的猪肚切开，再切成大块。

②锅中倒入适量清水，大火烧开，淋入少许料酒。

③放入切好的猪肚，拌匀，煮约30秒钟，汆去异味。

④捞出煮好的猪肚，沥干水分。

⑤砂煲中倒入适量清水煮沸。

⑥下入洗净的无花果、蜜枣、姜片，倒入猪肚。

⑦淋上少许料酒。

⑧盖上盖，煮沸后转小火，煲煮约60分钟至猪肚熟透。

⑨取下盖子，加入盐、鸡粉。

⑩加入胡椒粉。

⑪用锅勺拌匀调味。

⑫盛出煲煮好的汤品即成。

白果咸菜猪肚汤

烹饪时间 / 约33分钟　口味 / 鲜　功效 / 增强免疫力　适合人群 / 一般人群

原料

白果15克，咸菜100克，猪肚200克，姜片10克。

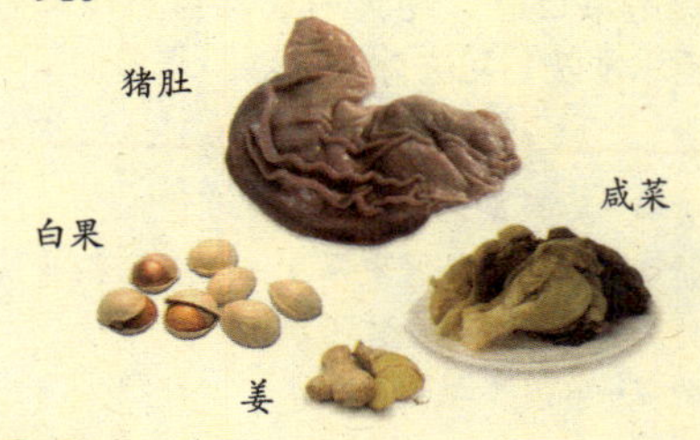

调料

盐2克，鸡粉2克，料酒10毫升，胡椒粉少许。

·营养分析·

猪肚富含蛋白质、脂肪、维生素A、维生素E及钙、钾、镁、铁等元素，有很好的食疗价值，有补虚损、健脾胃的功效，多用于辅助治疗脾虚腹泻、虚劳瘦弱、消渴、小儿疳积等。

制作指导

咸菜比较咸，在调味时一定要注意盐的用量，也可加入少许白糖来中和咸菜的咸味。

相宜相克

⊗白果+鳗鱼（易引起身体不适）

⊗白果+草鱼（易引起身体不适）

做法

1. 把洗净的咸菜切成条，处理干净的猪肚切成片。
2. 锅中注水烧开，加入料酒、猪肚煮半分钟捞出沥干，备用。
3. 砂锅注水烧开，放入姜片、白果、猪肚、咸菜、料酒。
4. 烧开后，转小火煮30分钟至食材熟透。
5. 转大火放入鸡粉、盐、胡椒粉，转小火拌匀调味即可。

竹笋猪血汤

烹饪时间 / 约5分钟　口味 / 鲜　功效 / 开胃消食　适合人群 / 一般人群

原料

竹笋100克，猪血150克，姜片、葱花各少许。

调料

盐4克，鸡粉6克，胡椒粉、食用油、芝麻油各适量。

·营养分析·

竹笋含有丰富的蛋白质、氨基酸、脂肪、钙、磷、胡萝卜素及多种维生素。竹笋还具有低脂肪、低糖、多纤维的特点，多食用竹笋不仅能促进肠道蠕动，帮助消化，去积食，防便秘，还有预防大肠癌的功效。竹笋是优良的保健蔬菜，也是肥胖人士减肥的佳品。

制作指导

煮竹笋的时间不可太长，否则会影响其脆嫩口感，熄火后让其自然冷却，再用水冲洗，可去除涩味。

相宜相克

- ✓ 竹笋+莴笋（治疗肺热痰火）
- ✓ 竹笋+猪腰（补肾利尿）
- ✗ 竹笋+红糖（对身体不利）
- ✗ 竹笋+羊肉（导致腹痛）

做法

1. 将洗净的竹笋切成小片，洗净的猪血切成小方块。
2. 锅中加水烧开，倒入竹笋，加盐、鸡粉拌匀，煮约1分钟，捞出。
3. 锅中另加适量清水烧开，加少许油、鸡粉、盐。
4. 再加入姜片、竹笋，略煮，倒入猪血，拌匀，煮约2分钟。
5. 撒适量胡椒粉，拌匀。
6. 将做好的汤盛入碗中，撒上葱花，淋入少许芝麻油即可。

冬瓜粉丝丸子汤 

烹饪时间 / 约3分钟　口味 / 鲜　功效 / 清热解毒　适合人群 / 一般人群

原料

冬瓜280克，猪肉丸子80克，水发粉丝180克，姜片、葱花各少许。

调料

盐3克，鸡粉2克，胡椒粉1克，食用油、芝麻油各少许。

·营养分析·

冬瓜富含蛋白质、多种维生素及钙、铁等营养物质，具有润肺生津、止渴、消肿、清热解毒的功效。冬瓜的钠含量较低，是肾脏病、水肿病患者理想的蔬菜选择。

冬瓜

姜

猪肉丸子

葱

水发粉丝

相宜相克

- 冬瓜+海带（降血压）
- 冬瓜+芦笋（降血脂）
- 冬瓜+甲鱼（润肤、明目）
- 冬瓜+鸡肉（排毒养颜）
- 冬瓜+口蘑（利小便）

制作指导

水发粉丝煮制的时间不宜太长，以免煮太烂，影响口感。

做法

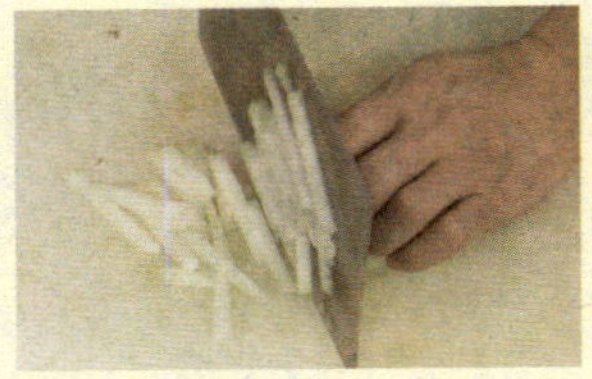

①把去皮洗净的冬瓜切成片，改切成丝。

②猪肉丸子切成片。

③水发粉丝切成段。

④锅中注入适量清水烧开，倒入食用油。

⑤放入姜片、冬瓜、肉丸。

⑥盖上锅盖，用大火烧开后转小火再煮2分钟至食材熟透。

⑦揭开盖，加入盐、鸡粉搅匀。

⑧撒入少许胡椒粉，搅匀调味。

⑨放入粉丝，搅拌均匀，用大火煮沸。

⑩放入葱花，拌匀略煮片刻。

⑪淋入少许芝麻油，搅拌均匀。

⑫关火，把煮好的汤装入汤碗中即可。

家常牛肉汤

烹饪时间 / 约47分钟　口味 / 鲜　功效 / 保肝护肾　适合人群 / 男性

原料

牛肉200克，土豆150克，西红柿100克，姜片、枸杞、葱花各少许。

调料

盐、鸡粉各2克，胡椒粉、料酒各适量。

·营养分析·

土豆含有大量的淀粉，可提供丰富的营养。土豆还富含B族维生素、优质纤维素、微量元素、氨基酸、蛋白质、脂肪等营养物质，具有降糖降脂、减肥、美容、抗衰老、活血消肿、益气强身等功效。

相宜相克

- ✓ 西红柿+芹菜（降血压、健胃消食）
- ✓ 西红柿+蜂蜜（补血养颜）
- ✓ 西红柿+山楂（降血压）
- ✗ 西红柿+猕猴桃（降低营养价值）
- ✗ 西红柿+虾（对身体不利）

制作指导

西红柿的皮可以去掉，这样熬出来的汤汁色泽更佳，食用也更方便。

做法

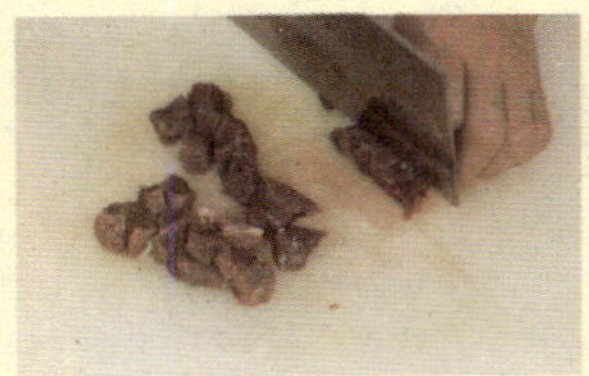

①洗净的牛肉切成牛肉丁。

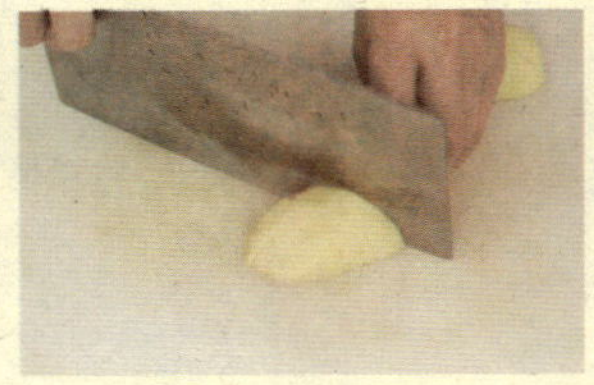

②去皮洗净的土豆切开，切成大块。

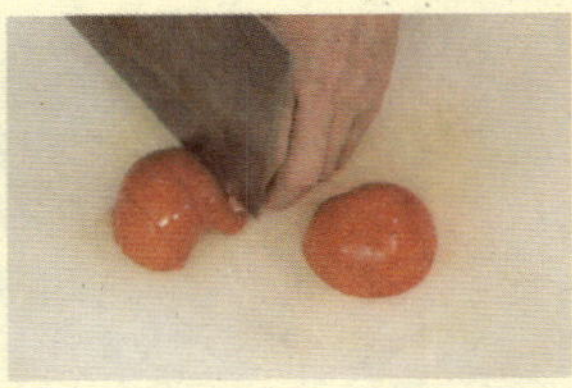

③洗好的西红柿切开，切去蒂，再切成块。

④砂煲中注水用大火煮沸，放入姜片、洗净的枸杞。

⑤倒入牛肉丁，淋入少许料酒，拌匀。

⑥用大火煮沸，撇去浮沫。

⑦盖上盖，用小火煲煮约30分钟至牛肉熟软。

⑧揭开盖，倒入切好的土豆、西红柿。

⑨再盖上盖，煮约15分钟至食材熟透。

⑩揭开盖，加入盐、鸡粉、胡椒粉。

⑪拌煮均匀至入味。

⑫将煮好的牛肉汤盛放在汤碗中即成。

萝卜枸杞牛心汤

烹饪时间 / 约31分钟　口味 / 鲜　功效 / 增强免疫力　适合人群 / 女性

原料

白萝卜300克，牛心250克，姜片15克，枸杞5克。

调料

盐2克，鸡粉3克，料酒5毫升，胡椒粉1克，食用油适量。

营养分析

枸杞含有多种维生素及钙、铁等营养成分，有促进吸收和增强免疫力的功能。

制作指导

烹饪此菜时，宜选表皮细嫩光滑，手指轻弹声音沉重、结实的白萝卜。

相宜相克

- ✓ 白萝卜+紫菜（清肺热、防治咳嗽）
- ✓ 白萝卜+牛肉（补五脏、益气血）
- ✗ 白萝卜+人参（功效相悖）
- ✗ 白萝卜+黑木耳（易引发皮炎）

做法

1. 去皮洗净的白萝卜切块，洗好的牛心切片。
2. 锅中注水烧开，再倒入牛心搅散。
3. 煮约1分30秒，去除血水捞出，沥干水分，备用。
4. 锅中注水烧开，倒入白萝卜、牛心、姜片、食用油、枸杞，略搅拌。
5. 淋入料酒，盖上锅盖，用大火烧开后转小火煮30分钟至食材熟软。
6. 揭开锅盖，放入盐、鸡粉、胡椒粉拌匀调味。
7. 盛出装入汤碗中即可。

浓汤香菇煨牛肉丸

烹饪时间 / 约3分钟　口味 / 鲜　功效 / 增强免疫力　适合人群 / 一般人群

原料

牛肉丸350克，香菜15克，鲜香菇、口蘑、姜片各少许，浓汤适量。

调料

盐3克，味精、鸡粉、料酒、食用油各适量。

营养分析

牛肉丸含有丰富的蛋白质、碳水化合物、脂肪等营养物质，有补中益气、滋养脾胃、强健筋骨等功效，能提高身体抗病能力，尤其适合气短体虚、筋骨酸软、病后调养的人食用。

制作指导

牛肉丸入锅滑油时，油温不能太高，以免把牛肉丸炸制太老，失去韧性。

相宜相克

- ✓ 香菇+牛肉（补气养血）
- ✓ 香菇+猪肉（促进消化）
- ✗ 香菇+鹌鹑（同食面生黑斑）
- ✗ 香菇+螃蟹（可能引起结石）

做法

1. 口蘑、香菇洗净切成小块，香菜洗净切段。
2. 牛肉丸洗净并打上十字花刀。
3. 锅中加油烧热，入牛肉丸滑油片刻，捞出备用。
4. 锅留底油，放姜片、料酒，倒入浓汤，煮沸后加入牛肉丸。
5. 大火烧开，加入香菇和口蘑。
6. 加盐、味精、鸡粉拌匀，煮熟，撒上香菜即成。

萝卜牛肉丸汤

烹饪时间 / 约6分钟　口味 / 鲜　功效 / 开胃消食　适合人群 / 老年人

原料

白萝卜150克，牛肉丸100克，姜片、葱花各少许。

调料

盐3克，鸡粉2克，味精少许，料酒、食用油各适量。

·营养分析·

牛肉富含蛋白质、脂肪、B族维生素及钙、磷、铁等营养成分，营养价值很高，有补中益气、滋养脾胃、强健筋骨等功效。常食牛肉能提高身体抗病能力，特别适宜手术后和病后调养的人食用。

制作指导

白萝卜片不可煮太久，以免影响其爽脆口感。

相宜相克

✓ 白萝卜+紫菜（清肺热、防治咳嗽）
✓ 白萝卜+牛肉（补五脏、益气血）
✗ 白萝卜+橘子（易诱发甲状腺肿大）
✗ 白萝卜+黄瓜（破坏维生素C）

做法

1. 把洗净的牛肉丸打上花刀，洗净的白萝卜切成片。
2. 起锅热油加姜片炒香，淋入料酒，加适量清水，大火烧开。
3. 倒入切好的白萝卜，盖上盖，略煮一会儿。
4. 揭开盖，放入牛肉丸，盖上盖，转中火煮至材料熟透。
5. 再加入盐、味精、鸡粉调味，拌匀至入味。
6. 将汤盛入碗中，撒上葱花即可。

新化三合汤

烹饪时间 / 约5.5分钟　口味 / 辣　功效 / 益气补血　适合人群 / 男性

原料

牛肉、熟牛肚各150克，牛血200克，蒜片、姜片各15克，葱花10克。

调料

盐3克，味精2克，葱姜酒汁、水淀粉、白醋、食用油、辣椒面、山胡椒油各适量。

营养分析

牛肉具有高蛋白、低脂肪的特点，可补中益气、滋养脾胃、强健筋骨、化痰息风、止渴止涎，适合气短体虚、筋骨酸软、贫血久病及面黄目眩之人食用。多食牛肉，还能促进肌肉生长、强壮身体。

制作指导

牛肉烹饪时加少许山楂、橘皮或茶叶有利于其熟烂。

相宜相克

- ✓ 牛肉+土豆（保护胃黏膜）
- ✓ 牛肉+洋葱（补脾健胃）
- ✗ 牛肉+白酒（易导致上火）
- ✗ 牛肉+红糖（易引起腹胀）

做法

1. 将洗净的牛肉切片，装入碗中，把洗净的熟牛肚切成片，洗净的牛血切条。
2. 牛肉加葱姜酒汁、味精、盐、水淀粉拌匀，腌10分钟。
3. 锅中注油，倒入姜片和蒜片爆香，倒入辣椒面、牛肉拌炒匀。
4. 加入适量清水、盐和味精烧开。
5. 倒入牛肚、牛血煮熟。
6. 再加入白醋、山胡椒油拌匀，撒入葱花点缀，盛出即可。

萝卜牛杂汤

烹饪时间 / 约17分钟　口味 / 清淡　功效 / 增强免疫力　适合人群 / 一般人群

原料

熟牛杂300克，白萝卜200克，姜片、葱花各少许。

调料

盐、鸡粉、胡椒粉各少许，食用油30毫升。

·营养分析·

白萝卜含有的辣味成分可抑制细胞的异常分裂，有防癌抗癌、杀菌、抑制血小板凝集等作用。此外，白萝卜中还含有大量的膳食纤维和丰富的淀粉分解酶等消化酶，能有效地促进食物的消化和吸收。

制作指导

制作此汤时，清水要一次性加足，若中途加水会破坏白萝卜的蛋白质结构，降低汤的营养价值。

相宜相克

- ✓ 白萝卜+紫菜（清肺热、防治咳嗽）
- ✓ 白萝卜+牛肉（补五脏、益气血）
- ✗ 白萝卜+黄瓜（破坏维生素C）
- ✗ 白萝卜+黑木耳（易引发皮炎）

做法

1. 将熟牛杂切成片，去皮洗净的白萝卜切成菱形的薄片。
2. 起油锅，倒入姜片爆香，注入适量清水，加盖煮沸。
3. 揭开盖，倒入切好的白萝卜、牛杂，加适量盐、鸡粉调味。
4. 盖上盖，用慢火焖煮约15分钟。
5. 揭开盖，撇去汤中的浮沫，撒上胡椒粉拌匀。
6. 盛入砂煲中，撒上葱花即成。

浓汤羊肉锅 

烹饪时间 / 约8分钟　口味 / 清淡　功效 / 美容养颜　适合人群 / 女性

原料

羊肉350克，大白菜150克，白萝卜、彩椒、姜片各适量，浓汤1000毫升。

调料

盐、味精、鸡粉、白糖、料酒、水淀粉、食用油各适量。

营养分析

常食大白菜能润肠、促进排毒，还能增强皮肤抗损伤能力，有养颜作用。

制作指导

先将白菜入开水中焯烫一下，不仅能缩短蔬菜加热的时间，而且能使氧化酶无法起作用，完好地保存维生素C。

相宜相克

- ✓ 白菜+猪肝（保肝护肾）
- ✓ 白菜+鲤鱼（改善妊娠水肿）
- ✗ 白菜+黄瓜（降低营养价值）
- ✗ 白菜+羊肝（破坏维生素C）

做法

1. 将洗净的羊肉、大白菜、白萝卜、彩椒切片。
2. 羊肉加料酒、鸡粉、盐、味精抓匀，再加水淀粉抓匀，腌10分钟。
3. 炒锅热油，倒入姜片、白菜、白萝卜炒匀。
4. 倒入浓汤煮沸，加盐、味精、鸡粉、白糖、彩椒拌匀。
5. 倒入羊肉，用大火再煮3分钟至羊肉完全熟透即可。

羊腩炖白萝卜

烹饪时间 / 约125分钟　口味 / 清淡　功效 / 防癌抗癌　适合人群 / 一般人群

原料

白萝卜300克，羊腩块200克，香菜、姜片各少许。

调料

盐、鸡精、胡椒粉、料酒各适量。

·营养分析·

白萝卜热量低，纤维素含量高，食用后易产生饱胀感，有助于减肥。此外，白萝卜还含有大量的维生素A和维生素C，是构成细胞间质的必需物质，具有抑制癌细胞生长的作用。

制作指导

砂煲的盖要盖严，不仅能减少烹饪时间，还能增加菜的香味。

相宜相克

✓ 白萝卜+豆腐（促进营养物质的吸收）
✓ 白萝卜+牛肉（补五脏、益气血）
✗ 白萝卜+黄瓜（破坏维生素C）
✗ 白萝卜+黑木耳（易引发皮炎）

做法

1. 把洗净的白萝卜切薄片。
2. 锅中注水烧热，放入羊腩块，汆煮片刻，捞出沥干后备用。
3. 另起锅，注入适量清水烧开，放入姜片，倒入白萝卜。
4. 再倒入羊腩，淋入少许料酒拌匀，盖上锅盖烧开。
5. 将锅中的材料移至砂煲，盖上盖，用小火煲2小时。
6. 揭开盖，加入盐、鸡精拌匀入味，放入洗净的香菜，撒上胡椒粉即成。

单县羊肉汤

烹饪时间 / 约77分钟　口味 / 鲜　功效 / 益气补血　适合人群 / 一般人群

原料

羊肉、羊骨各200克，香料水100毫升，草果、桂皮、白芷、良姜、干姜、丁桂粉各适量，姜片20克，蒜苗末10克，葱末10克，香菜末10克，大葱段少许。

调料

盐4克，味精、料酒、鸡粉、食用油各适量。

·营养分析·

羊肉含有丰富的蛋白质、脂肪及维生素B_1、维生素B_2、钙、磷、铁、钾、碘等营养物质，为益气补虚、温中暖下之良品，对虚劳羸瘦、腰膝酸软、产后虚寒腹痛等皆有较显著的功效。

制作指导

此汤所使用的香料水，选用豆蔻、砂仁、香叶、八角、花椒为原料，放入沸水锅中，加盖慢火熬煮1小时而成。羊肉中有很多筋膜，切之前应将其剔除，否则炒熟后筋膜很硬，吃起来影响口感。

相宜相克

- ✔ 羊肉+生姜（辅助治疗腹痛）
- ✔ 羊肉+香菜（增强免疫力）
- ✘ 羊肉+乳酪（易产生不良反应）
- ✘ 羊肉+南瓜（易导致胸闷腹胀）

做法

1. 锅中注水烧热，倒入羊肉汆去血水，捞出。
2. 将羊肉、羊骨放入锅中，加入草果、桂皮、白芷、良姜、干姜、姜片、大葱段、料酒，略煮，撇去浮沫。
3. 加盖，大火烧开后改小火煮约70分钟，揭盖，捞出羊肉，切成片。
4. 将香料水倒入原汤锅中搅匀，加盖，烧煮3分钟。
5. 揭盖，捞羊骨入碗垫底，锅中倒入羊肉片、盐、味精、鸡粉、丁桂粉，拌匀。
6. 羊肉捞出装碗，将香菜末、葱末、蒜苗末倒入原锅中煮熟，盛出装碗即成。

第四章

滋补禽肉汤

营养学家普遍认为禽肉是“人类最好的营养源”，这得益于禽肉丰富的营养元素和极佳的口感，且其营养元素非常容易被人体消化和吸收。单独食用禽肉比较单调乏味，若是烹制成禽肉汤，就可以解决这一问题。禽肉汤食材简单，主食材都是日常可见的禽类，再根据个人喜好随意搭配其他食材，就可烹制出健康绿色、营养美味的汤，也可按照个人需求，做出酸、辣、甜、清淡等不同口味的汤。

西洋参土鸡汤

烹饪时间 / 约130分钟　口味 / 鲜　功效 / 增强免疫力　适合人群 / 一般人群

原料

土鸡肉450克，西洋参2克，红枣4克，枸杞1克，姜片2克。

调料

盐3克，鸡粉2克，料酒15毫升。

·营养分析·

土鸡的肉质细嫩、滋味鲜美、营养丰富，是高蛋白、低脂肪的健康食品。其所含的氨基酸组成与人体需要的十分接近，它还含有多种维生素、钙、磷、铁等成分，是人体生长发育所必需的重要物质。常食鸡肉有增强体力、强壮身体的作用。

土鸡肉

枸杞

西洋参

姜

红枣

相宜相克

✅鸡肉+人参（止渴生津）
✅鸡肉+柠檬（增强食欲）
✅鸡肉+冬瓜（排毒养颜）

❌鸡肉+鲤鱼（引起中毒）
❌鸡肉+芥菜（影响身体健康）
❌鸡肉+李子（引起痢疾）

制作指导

土鸡是高蛋白、低脂肪的健康食品，含有多种维生素、钙、磷、铁等成分，是人体生长发育所必需的重要物质。

做法

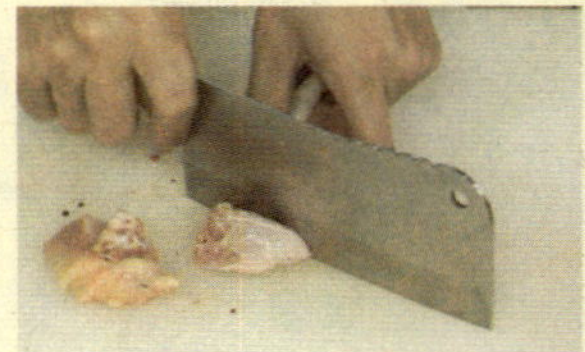

①将洗净的土鸡肉斩成块，装入盘中。

②锅中注水，倒入鸡块煮沸，汆去血水，捞出。

③将汆煮过的鸡块放入清水中洗净。

④把鸡块放入陶瓷内锅。

⑤另起锅，倒入适量清水，大火烧开，加入料酒、鸡粉、盐。

⑥放入洗好的西洋参、红枣、枸杞，煮沸。

⑦把煮好的汤料盛入内锅。

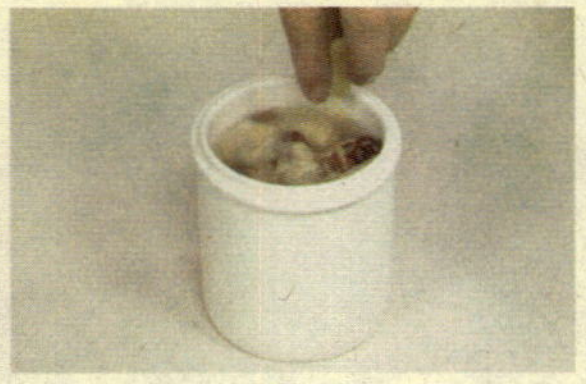

⑧放入备好的姜片。

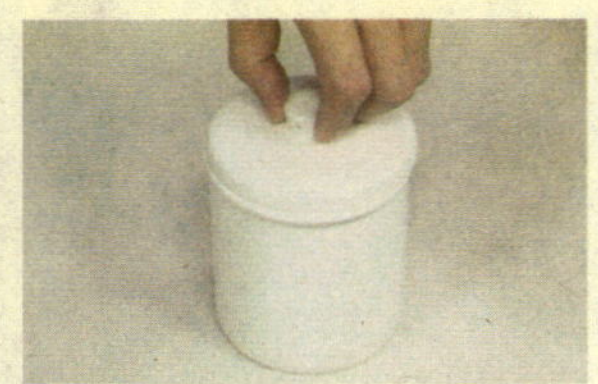

⑨盖上陶瓷盖。

⑩将内锅放入已加好清水的隔水炖盅内，盖上锅盖。

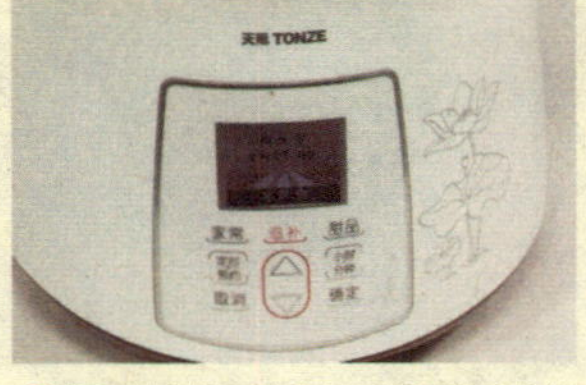

⑪隔水炖约2小时。如果选用普通汤锅，可适当缩短时间，炖煮约40分钟即可。

⑫揭盖，取出炖好的鸡汤即成。

人参滋补汤

烹饪时间 / 约65分钟　口味 / 鲜　功效 / 益气补血　适合人群 / 女性

原料

鸡300克，猪瘦肉35克，人参、党参、黄芪、桂圆、枸杞、红枣、姜片各适量。

调料

高汤、盐、鸡粉各适量。

·营养分析·

鸡肉含有丰富的蛋白质，且易消化，很容易被人体吸收和利用。鸡肉含有对人体生长发育有重要作用的磷脂类、矿物质及多种维生素，对营养不良、畏寒怕冷、贫血等病症有较好的食疗作用。

制作指导

药材含有少量的杂质，使用前要先用清水清洗干净。

相宜相克

- ✓ 人参+山药（降低胆固醇）
- ✓ 人参+鸡肉（益气填精、养血调经）
- ✗ 人参+葡萄（导致腹泻）
- ✗ 人参+白萝卜（作用相反，不宜同用）

做法

1. 鸡洗净斩块，锅中注水倒入鸡块、瘦肉，汆煮约5分钟至断生。
2. 用漏勺将鸡肉和瘦肉捞出，沥干水分，装盘备用。
3. 将煮好的鸡块、瘦肉放入炖盅，再加入洗净的药材和姜片。
4. 锅中倒入高汤煮沸，加盐、鸡粉调味。
5. 将高汤舀入炖盅，盖上盖，炖锅中加入适量清水，将炖盅放入。
6. 加盖炖1小时，汤炖成，取出即成。

虫草花鸡汤

烹饪时间 / 约70分钟　口味 / 鲜　功效 / 增强免疫力　适合人群 / 男性

原料

鸡肉400克，虫草花30克，姜片少许，高汤适量。

调料

盐、料酒、鸡粉、味精各适量。

·营养分析·

鸡肉性温、味甘，含有蛋白质、脂肪、维生素B_1、维生素B_2、烟酸、维生素A、维生素C、钙、磷、铁等多种成分，还含有对人体生长发育有重要作用的磷脂类，是我国居民膳食结构中脂肪和磷脂的重要来源之一。

虫草花

鸡肉

姜

高汤

相宜相克

✅鸡肉+枸杞（补五脏、益气血）

✅鸡肉+柠檬（增强食欲）

✅鸡肉+金针菇（增强记忆力）

❎鸡肉+鲤鱼（易引起身体不适）

制作指导

高汤调味时，加入少许啤酒，不仅会使鸡肉的色泽更好，还会增加鸡肉的鲜味。

做法

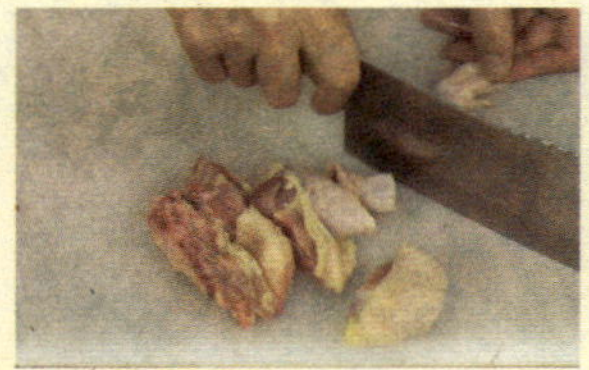

①将洗净的鸡肉斩块。

②锅中注入适量清水，放入鸡块汆煮。

③煮开后撇去浮沫，捞出鸡块，过凉水后装入盘中。

④另起锅，倒入适量高汤，淋入少许料酒。

⑤再加入鸡粉、盐、味精，搅匀调味并烧开。

⑥将鸡块放入炖盅内。

⑦再放入姜片和洗好的虫草花。

⑧将调好味的高汤倒入炖盅内，然后盖上盖。

⑨炖锅加适量清水，放入炖盅，通电。

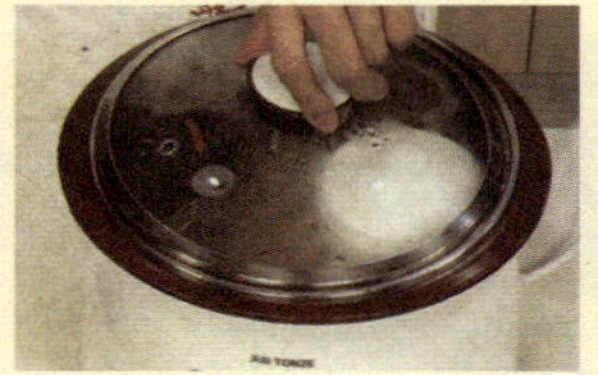

⑩加盖炖1小时。

⑪揭盖，取出炖盅。

⑫稍放凉即可食用。

板栗土鸡汤

烹饪时间 / 约65分钟　口味 / 鲜　功效 / 益气补血　适合人群 / 女性

原料

土鸡300克，板栗肉80克，胡萝卜、姜片、葱段各少许。

调料

盐、白糖、料酒、胡椒粉各适量。

·营养分析·

鸡肉含有对人体生长发育有重要作用的磷脂类、矿物质及多种维生素，有增强体力、强壮身体的作用，对营养不良、畏寒怕冷、贫血等病症有良好的食疗作用。

制作指导

炖鸡汤时，放调味品的顺序是有讲究的，盐不宜过早放入，若太早放入盐，会使鸡肉中的蛋白质凝固，鸡肉明显收缩变紧，影响营养向汤内释放，且煮熟后的鸡肉肉质较硬，口感粗糙。板栗土鸡汤本身味道鲜甜，只需加少许的盐调味即可。

相宜相克

✓ 板栗+鸡肉（补肾虚、益脾胃）

✓ 板栗+白菜（健脑益肾）

✗ 板栗+杏仁（引起胃部不适）

做法

1. 将洗净的土鸡处理好，斩成块，胡萝卜去皮洗净，切片。
2. 锅中注水烧热，倒入处理好的鸡块。汆煮约3分钟至鸡块断生，捞出备用。
3. 锅中倒入适量的清水，加入断生的鸡块，下入姜片。
4. 再倒入板栗肉，把汤汁烧开，小火炖约1小时。
5. 在锅中加入盐、白糖，淋入少量料酒，倒入切好的胡萝卜片。
6. 撒上适量胡椒粉，放入葱段拌匀即可。

平菇木耳鸡丝汤

烹饪时间 / 约4.5分钟　口味 / 鲜　功效 / 增强免疫力　适合人群 / 儿童

原料

鸡胸肉150克，平菇100克，水发木耳35克，姜丝、葱花各少许。

调料

盐4克，鸡粉4克，胡椒粉3克，料酒4毫升，水淀粉、食用油各少许。

营养分析

平菇含有多种维生素及矿物质，具有改善人体新陈代谢、增强体质、调节自主神经功能等作用，可作为体弱患者的营养品。平菇对降低胆固醇和防治尿道结石也有一定效果，同时对妇女更年期综合征也具有调理的作用。

制作指导

平菇口感好、营养高，但鲜品出水较多，易炒老，因此须掌握好火候。

相宜相克

- ✓ 平菇+韭黄（提高免疫力）
- ✓ 平菇+青豆（强健身体）
- ✗ 平菇+鹌鹑（易引发痔疮）

做法

1. 洗净的平菇切成小片，洗净的木耳切成小块，洗净的鸡胸肉切成肉丝。
2. 将鸡肉丝放入碗中，加入盐、鸡粉、水淀粉拌匀。
3. 再注入少许食用油，腌10分钟。
4. 起锅热油，放入姜丝、平菇、木耳翻炒，淋入少许料酒炒匀。
5. 倒入适量清水，加入少许盐、鸡粉、胡椒粉。
6. 用大火煮约2分钟，倒入腌好的鸡肉丝拌煮至熟，撒上葱花即成。

霸王别姬

烹饪时间 / 约126分钟　口味 / 鲜　功效 / 益气补血　适合人群 / 女性

原料

甲鱼1只，仔鸡1只，鸡胸肉120克，菜心150克，葱15克，生姜20克，竹笋、水发香菇、火腿各少许，鸡汤适量。

调料

盐、白糖、味精、料酒、水淀粉各适量。

营养分析

甲鱼具有滋阴清热、补虚养肾、补血补肝等功效，适宜体质虚弱、肝肾阴虚及营养不良之人食用。

相宜相克

✅甲鱼+大米（缓解阴虚痨热）
✅甲鱼+山药（补脾胃、滋肝肾）
❎甲鱼+咸菜（不利消化）
❎甲鱼+芥菜（易生恶疮）

制作指导

甲鱼肉腥，只加入葱、姜、料酒等调料除腥效果不明显，可将甲鱼胆囊捡出，取出胆汁，并加入少许清水，再涂抹于甲鱼全身，稍待片刻，用清水漂洗干净，即可除掉甲鱼肉的腥味。

做法

①生姜切菱形片，竹笋切段，水发香菇切片，金华火腿切片。

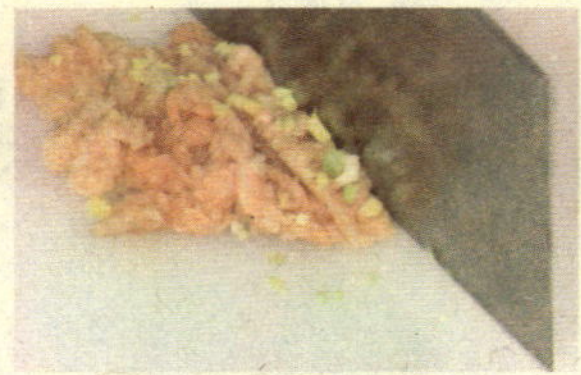

②洗净的鸡胸肉切片，加入适量生姜和少许葱白，剁碎。

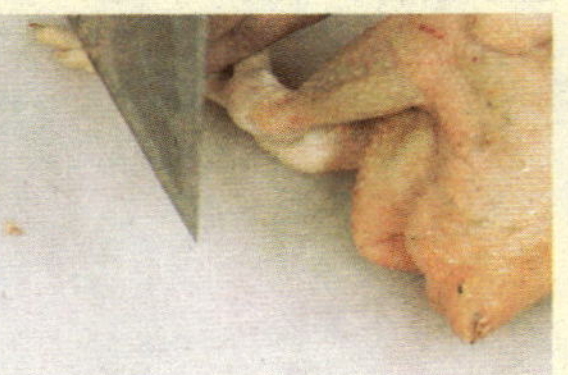

③洗净的菜心切开菜梗；处理干净的仔鸡的爪尖、鸡腚切去。

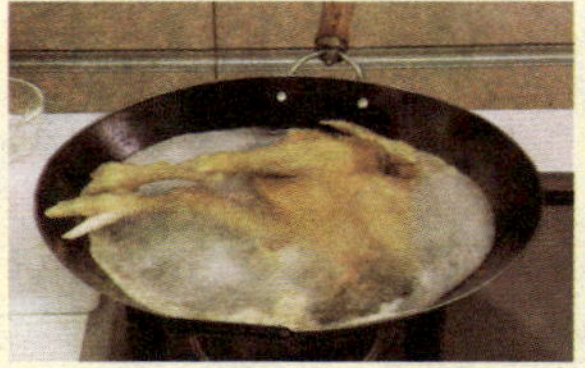

④锅中注水，放入仔鸡，汆煮15分钟至断生，捞出装碗备用。

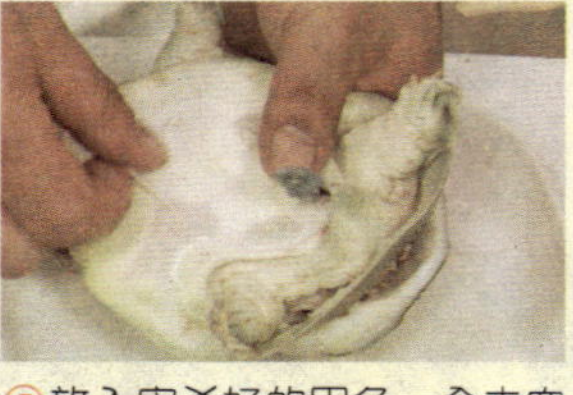

⑤放入宰杀好的甲鱼，汆去血水后捞出，去掉腹部皮膜。

⑥鸡肉装碗，加盐、味精、白糖、料酒、水淀粉腌入味。

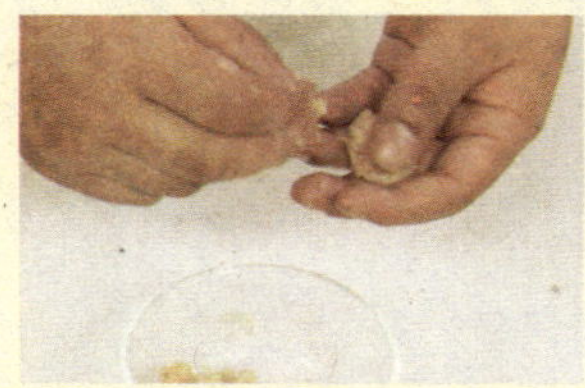

⑦将腌好的鸡肉末做成鸡肉丸备用。

⑧倒入鸡汤，放入姜片、竹笋、香菇、火腿、葱段、鸡肉丸。

⑨加盖，煮2分钟至汤汁沸腾后揭盖，加入适量盐、料酒调味。

⑩将仔鸡、甲鱼放入汤煲，倒入锅中的材料及汤汁。

⑪将汤煲放入蒸锅，盖上盖，加锅盖，用小火炖煮2小时。

⑫揭盖，取出汤煲，放入焯烫好的菜心即成。

鸡丝榨菜汤

烹饪时间 / 约2分钟　口味 / 鲜　功效 / 益气补血　适合人群 / 女性

原料

鸡胸肉100克，榨菜120克，油菜90克。

调料

盐2克，鸡粉3克，水淀粉、食用油各适量。

营养分析

鸡胸肉含有较多的B族维生素，具有缓解疲劳、保护皮肤的作用。其富含的铁质可改善缺铁性贫血。鸡肉还含有丰富的骨胶原蛋白，具有强化血管、肌肉、肌腱的功能。

制作指导

榨菜本身含有较多盐分，煮汤时应少放些盐。

相宜相克

- ✓ 鸡肉+柠檬（增强食欲）
- ✓ 鸡肉+人参（止渴生津）
- ✗ 鸡肉+鲤鱼（易引起中毒）
- ✗ 鸡肉+李子（易引起痢疾）

做法

1. 将洗净的榨菜切成丝，洗好的鸡胸肉切成丝。
2. 将鸡肉装入碗中，加入少许盐、鸡粉、水淀粉，抓匀。
3. 再注入适量食用油，腌10分钟。
4. 锅中注水烧开，加适量食用油、盐、鸡粉，放入榨菜丝，煮约1分钟。
5. 再倒入鸡肉丝，搅散。
6. 放入洗好的油菜，搅匀，用大火煮沸，盛出装碗即成。

菠萝鸡片汤

烹饪时间 / 约4分钟　口味 / 鲜　功效 / 开胃消食　适合人群 / 一般人群

原料

菠萝肉100克，鸡胸肉150克，姜片、葱花各少许。

调料

盐6克，鸡粉6克，水淀粉10毫升，胡椒粉、食用油、芝麻油各适量。

营养分析

菠萝肉中含有蛋白质、氨基酸、膳食纤维等营养物质，其所含的B族维生素能有效地滋养肌肤，防止皮肤干裂，滋养头发，同时可以消除身体的紧张感、增强机体的免疫力。

制作指导

菠萝肉不可煮太久，否则会影响其爽脆口感及成品外观。

相宜相克

- ✓ 菠萝+茅根（治疗肾炎）
- ✓ 菠萝+鸡肉（补虚填精、温中益气）
- ✗ 菠萝+牛奶（影响人体消化吸收）
- ✗ 菠萝+白萝卜（破坏维生素C）

做法

1. 洗净的菠萝肉切片，洗净的鸡胸肉切薄片。
2. 鸡肉加入少许盐、鸡粉、水淀粉拌匀，加食用油腌10分钟。
3. 锅注水烧开，加食用油、盐、鸡粉、菠萝肉煮沸。
4. 倒入肉片、姜片煮约1分钟至熟。
5. 加胡椒粉、芝麻油拌匀。
6. 将葱花放入碗中，再倒入煮好的菠萝鸡片汤即可。

麦芽鸡汤

烹饪时间 / 约46分钟　口味 / 鲜　功效 / 增强免疫力　适合人群 / 孕产妇

原料

麦芽15克，母鸡鸡腿250克，鸡爪100克，姜片少许。

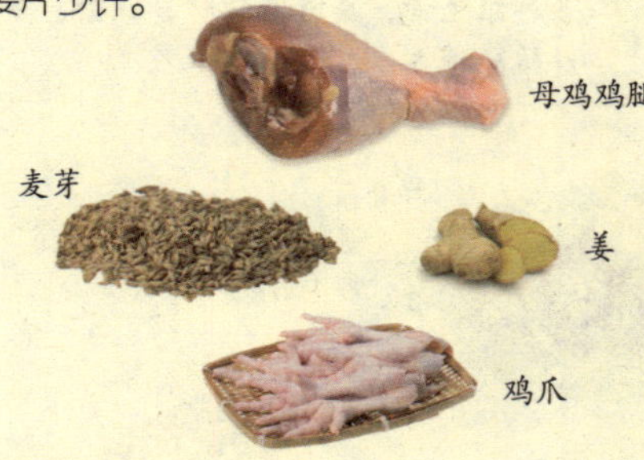

调料

盐3克，鸡粉2克，米酒5毫升。

营养分析

鸡肉含有丰富的蛋白质、磷脂类、矿物质及维生素，有温中益气、补精填髓、益五脏、补虚损的功效，可辅助治疗脾胃气虚、阳虚引起的乏力、胃脘隐痛、水肿、产后乳少、虚弱头晕等症。此外，鸡肉还有增强免疫力、强壮身体的作用。

制作指导

鸡腿肉在入锅前可用生抽、黄酒、盐腌一会儿，不仅能去除腥味，还能使肉质变嫩。

相宜相克

- ✓ 鸡肉+冬瓜（排毒养颜）
- ✓ 鸡肉+板栗（增强造血功能）
- ✗ 鸡肉+李子（易引起痢疾）
- ✗ 鸡肉+兔肉（易引起腹泻）

做法

1. 把洗净的鸡腿、鸡爪斩成小块，装入盘中待用。
2. 砂锅中注水烧开，倒入准备好的鸡腿、鸡爪块。
3. 加入适量米酒，放入少许姜片，大火加热，煮至沸，捞去浮沫。
4. 放入准备好的麦芽，盖上盖，用小火煲45分钟至鸡肉熟烂。
5. 揭盖，加入适量盐，鸡粉，用锅勺拌匀调味。
6. 把煮好的汤料盛出，装入汤碗中即可。

香菇冬笋煲仔鸡

烹饪时间 / 约32分钟　口味 / 鲜　功效 / 开胃消食　适合人群 / 老年人

原料

鲜香菇40克，冬笋100克，鸡肉120克，姜片少许。

调料

盐2克，鸡粉2克，料酒、胡椒粉各适量。

营养分析

竹笋含有蛋白质、氨基酸、脂肪、糖类、钙、磷、铁、胡萝卜素及多种维生素，具有低脂肪、低糖、多纤维的特点。

相宜相克

✅竹笋+鸡肉（暖胃益气、补精填髓）
✅竹笋+莴笋（辅助治疗肺热痰火）
✅竹笋+鲫鱼（辅助治疗小儿麻痹）
✅竹笋+猪腰（补肾利尿）

❌竹笋+红糖（对身体不利）
❌竹笋+羊肉（易导致腹痛）
❌竹笋+羊肝（对身体不利）
❌竹笋+豆腐（易形成结石）

制作指导

竹笋质地细嫩，不宜炖煮过久，以免过于熟烂，影响其口感。

做法

①将洗净的香菇切成小块。

②洗好的冬笋切成小块。

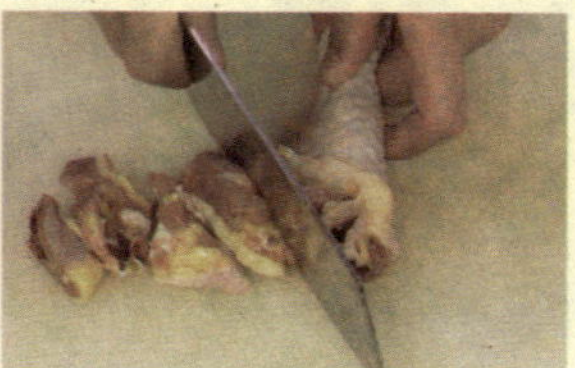

③洗净的鸡肉斩成小块。

④将切好的食材装入盘中待用。

⑤砂锅中注入适量清水，用大火烧开。

⑥放入斩好的鸡肉块。

⑦再放入冬笋、姜片、香菇，搅拌匀。

⑧淋入少许料酒，拌匀煮沸。

⑨用锅勺撇去锅中浮沫。

⑩盖上盖，用小火炖约30分钟。

⑪揭盖，加入适量盐、鸡粉、胡椒粉。

⑫关火，将砂锅端出即成。

鸡肉丝瓜汤

烹饪时间 / 约3分钟　口味 / 鲜　功效 / 美容养颜　适合人群 / 女性

原料

鸡胸肉85克，丝瓜120克，姜片、葱花各少许。

调料

盐3克，鸡粉3克，胡椒粉、水淀粉、芝麻油、食用油各适量。

·营养分析·

丝瓜含有防止皮肤老化的维生素B_1、增白皮肤的维生素C等成分，能保护皮肤，消除斑块，使皮肤洁白、细嫩，是不可多得的美容佳品。此外，丝瓜还独有一种干扰素诱生剂，可刺激机体产生干扰素，具有抗病毒、防癌抗癌的作用。

制作指导

丝瓜的味道清甜，煮制时不宜加酱油等口味较重的调料。

相宜相克

- ✓ 丝瓜+青豆（防治口臭、便秘）
- ✓ 丝瓜+鸭肉（清热滋阴）
- ✗ 丝瓜+菠菜（易引起腹泻）
- ✗ 丝瓜+芦荟（易引起腹痛、腹泻）

做法

1. 洗净的丝瓜去皮切成小块。
2. 洗好的鸡胸肉切成丝，装入碗中，加盐、鸡粉、水淀粉，抓匀。
3. 注入适量食用油，腌10分钟。
4. 锅中注水烧开，加少许食用油，放入姜片、丝瓜。
5. 加盐、鸡粉、胡椒粉，拌匀煮沸。
6. 倒入鸡肉丝，搅散，煮至熟透，淋入少许芝麻油，煮沸，撒上葱花即成。

平菇鸡丝虾米汤

烹饪时间 / 约13分钟　口味 / 鲜　功效 / 增强免疫力　适合人群 / 一般人群

原料

平菇200克，虾米25克，鸡胸肉70克，姜片、葱花各少许。

调料

盐4克，鸡粉3克，胡椒粉、水淀粉、食用油各适量。

·营养分析·

平菇含有多糖体，对肿瘤细胞有很强的抑制作用。此外，平菇还含有菌糖、甘露醇糖、激素等成分，可以改善人体新陈代谢，增强免疫力，调节自主神经功能等。

制作指导

煮制此汤时，加入少许芝麻油，会使汤汁更加鲜香。

相宜相克

- ✓ 平菇+豆腐（有利于营养吸收）
- ✓ 平菇+青豆（强健身体）
- ✗ 平菇+鹌鹑（易引发痔疮）
- ✗ 平菇+驴肉（易引发心痛）

做法

1. 洗净的平菇切去老茎，撕成小块，洗好的鸡胸肉切成条。
2. 鸡肉加盐、鸡粉、水淀粉抓匀，注入食用油腌10分钟。
3. 锅中注水烧开，放入姜片、虾米、平菇，拌匀煮沸。
4. 加入盐、鸡粉煮片刻，倒入腌好的鸡胸肉。
5. 加入胡椒粉，煮约1分钟至食材熟透。
6. 撒入少许葱花搅拌均匀，将汤盛出，装入碗中即成。

五指毛桃炖鸡

烹饪时间 / 约93分钟　口味 / 清淡　功效 / 益气补血　适合人群 / 孕产妇

原料

净土鸡300克，五指毛桃5克，姜片、葱段各少许。

调料

盐、白糖、料酒、胡椒粉各适量。

营养分析

土鸡肉含有B族维生素，具有缓解疲劳、滋润皮肤的作用。土鸡肉含有铁元素，可改善缺铁性贫血。土鸡肉还含有骨胶原蛋白，具有强化血管，强壮肌肉、肌腱的功能。

制作指导

剔除鸡骨，可以使此菜的口感更加细嫩，滋味也更鲜美，鸡肉所含的蛋白质也更容易被人体吸收。

相宜相克

- ✓ 鸡肉+红豆（提供丰富的营养）
- ✓ 鸡肉+黑木耳（降压降脂）
- ✗ 鸡肉+狗肾（引起腹痛、腹泻）

做法

1. 把洗净的土鸡斩成小块，五指毛桃洗净切段。
2. 锅中加适量清水，入鸡块，汆水后捞出，洗净沥干。
3. 锅中注水，入五指毛桃、姜片、葱白拌匀，再入鸡块，加盐、白糖拌匀。
4. 在锅中加适量料酒，大火煮沸，将锅中材料转入炖盅。
5. 炖盅放入蒸锅，小火炖约90分钟，至鸡肉熟透。
6. 取下炖盅，放入胡椒粉，撒上葱叶即成。

香菇冬瓜鸡汤 

烹饪时间 / 约32分钟　口味 / 鲜　功效 / 美容养颜　适合人群 / 女性

原料

冬瓜500克，水发香菇50克，鸡肉300克，姜片少许。

调料

盐3克，鸡粉4克，胡椒粉3克，料酒、食用油各适量。

·营养分析·

冬瓜含维生素C较多，且钾盐含量高，盐含量低，非常适合高血压、肾脏病、浮肿病患者食用。此外，冬瓜中所含的丙醇二酸，能有效抑制糖类转化为脂肪，再加上冬瓜本身不含脂肪，热量不高，可以有效防止人体发胖，还可以帮助保持体形健美。

鸡肉

姜

冬瓜

水发香菇

相宜相克

✅鸡肉+金针菇（增强记忆力）

✅鸡肉+冬瓜（排毒养颜）

❌鸡肉+芥菜（影响身体健康）

制作指导

汤调味后一定要将表面的浮沫去除干净，否则鸡肉的鲜美就被破坏了。

做法

①把去皮洗净的冬瓜切成大块，备用。

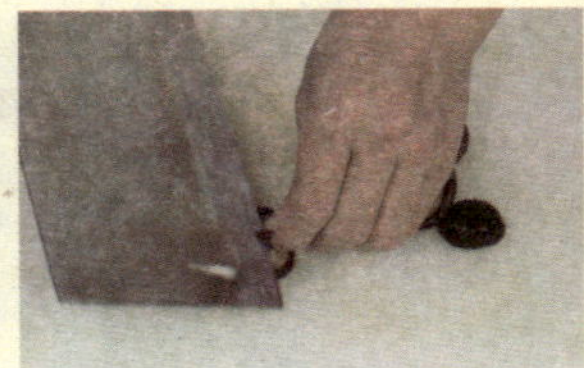

②洗净的香菇切去蒂，备用。

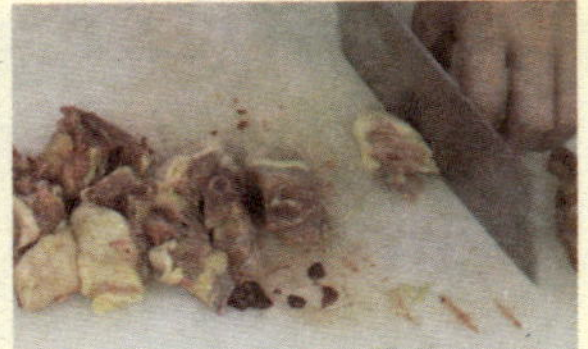

③洗净的鸡肉斩成小块，备用。

④锅中倒入适量清水烧开，放入鸡肉块拌匀，煮约1分钟。

⑤汆去血渍，再撇去浮沫，捞出沥干水分，盛在盘中待用。

⑥另起锅注油烧热，下入姜片爆香，倒入鸡肉块翻炒几下。

⑦淋上少许料酒炒匀，注入适量清水，倒入冬瓜、香菇。

⑧加上锅盖，用大火烧开，关火后取下锅盖。

⑨将锅中的食材转至砂煲中，并将砂煲放置于旺火上。

⑩盖上盖，煮沸后改小火，续煮约30分钟至食材熟透。

⑪取下盖子，加入盐、鸡粉，撒上胡椒粉，拌匀调味。

⑫撇去表面浮沫，取下砂煲，盛放在碗中即可。

当归黄芪红枣乌鸡汤

烹饪时间 / 约42分钟　口味 / 鲜　功效 / 益气补血　适合人群 / 孕产妇

原料

乌鸡350克，当归、黄芪、红枣、姜片各少许。

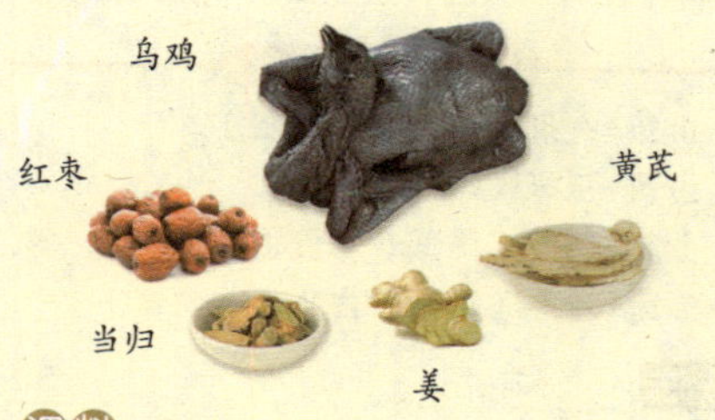

调料

盐3克，鸡粉2克，胡椒粉、料酒各适量。

·营养分析·

乌鸡含丰富的黑色素、蛋白质、B族维生素等多种营养成分，其中烟酸、维生素E、磷、铁、钾、钠的含量均高于普通鸡肉，胆固醇和脂肪含量却较低，是营养价值较高的滋补品。食用乌鸡可以延缓衰老、强筋健骨。

制作指导

乌鸡汆水时间不宜过长，煮去血污后即可捞出，不然会流失营养物质。

相宜相克

✓红枣+人参（气血双补）
✓红枣+小麦（补血润燥、养心安神）
✗红枣+动物肝脏（破坏维生素C）

做法

1. 把洗净的乌鸡切成小块，装盘待用。
2. 锅中注水烧开，放入鸡块汆去血渍，捞出鸡块，沥干水分，待用。
3. 砂煲中倒入大半锅清水烧开，倒入鸡块。
4. 再放洗净的红枣、黄芪、当归、姜片，淋少许料酒。
5. 盖上盖，煮沸后转小火煮约40分钟至鸡肉熟透。
6. 揭开盖，加入盐、鸡粉，撒入适量的胡椒粉，拌匀调味，盛出即可。

药膳乌鸡汤

烹饪时间 / 约65分钟　口味 / 鲜　功效 / 益气补血　适合人群 / 女性

原料

乌鸡肉300克，姜片3克，党参5克，当归3克，山药4克，百合7克，黄芪4克，薏米7克，杏仁6克，莲子5克。

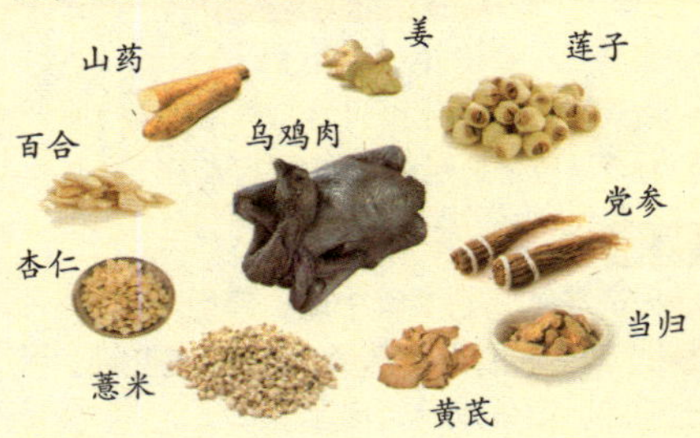

调料

盐、鸡粉、味精、料酒、食用油各适量。

营养分析

乌鸡含有人体不可缺少的赖氨酸、蛋氨酸和组氨酸，有相当高的滋补药用价值，还含有保护皮肤不受紫外线侵害的黑色素，有滋阴、补肾、养血、填精、益肝、退热、补虚的作用。

制作指导

炖汤时，表面的浮沫应用勺子撇去，这样不但可以去腥，还能使汤味更纯正。

相宜相克

- ✓ 山药+芝麻（预防骨质疏松）
- ✓ 山药+玉米（增强免疫力）
- ✗ 山药+菠菜（降低营养价值）
- ✗ 山药+海鲜（增加肠内毒素的吸收）

做法

1. 将处理好的乌鸡肉洗净，斩成块。
2. 锅中注入清水烧开，倒入乌鸡块，汆烫断生，撇去浮沫，捞出备用。
3. 起油锅，倒入姜片、鸡块，淋入料酒炒匀，倒入适量清水。
4. 加入洗好的党参、当归、莲子、山药、百合、薏米、杏仁、黄芪拌匀。
5. 盖上盖，用慢火焖1小时，揭开盖，加入盐、鸡粉、味精，搅拌均匀。
6. 关上火，将煮好的药膳乌鸡汤盛出，装入碗内即可。

乌鸡板栗滋补汤

烹饪时间 / 约45分钟　口味 / 鲜　功效 / 益气补血　适合人群 / 女性

原料

乌鸡肉300克，板栗100克，红枣、枸杞、姜片各少许。

调料

料酒、盐、鸡粉各适量。

·营养分析·

乌鸡含丰富的黑色素、蛋白质、B族维生素等营养物质，其中烟酸、维生素E、磷、铁、钾、钠的含量均高于普通鸡肉，胆固醇和脂肪含量却很低。红枣自古是补血佳品，而乌鸡能益气、滋阴，这道汤特别适合女性朋友食用。

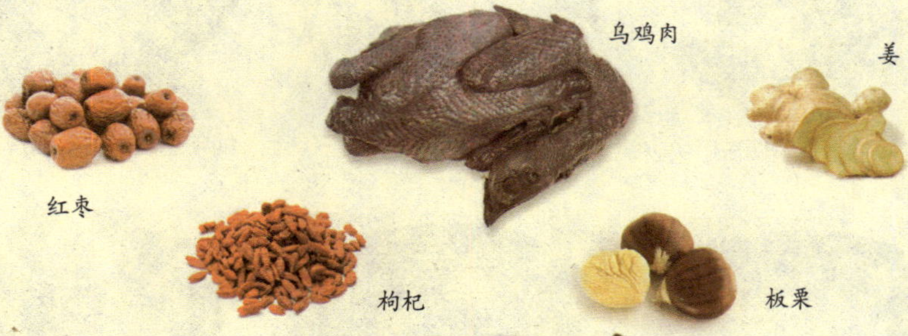

乌鸡肉

姜

红枣

枸杞

板栗

相宜相克

✅ 板栗+鸡肉（可以补肾虚、益脾胃）

✅ 板栗+红枣（补肾虚、防治腰痛）

✅ 板栗+白菜（健脑益肾）

❌ 板栗+杏仁（易引起胃痛）

制作指导

炖汤时，水要一次性加足，否则汤味不纯。

做法

①将洗净的乌鸡肉切去爪尖，斩块。

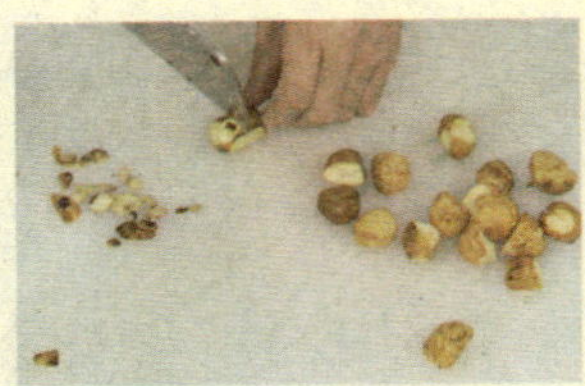
②已去皮洗好的板栗对半切开。

③锅中加适量清水烧开，倒入鸡肉。

④汆煮约5分钟至断生捞出。

⑤起油锅，倒入姜片爆香。

⑥倒入鸡块，加料酒翻炒片刻。

⑦倒入适量的清水，加入板栗。

⑧再加入盐、鸡粉，拌匀调味。

⑨放入洗净的红枣。

⑩盖上盖，小火炖40分钟至鸡肉熟烂。

⑪揭开盖，撇去浮沫，再放入枸杞炖煮片刻。

⑫盛入汤盅即成。

黑豆莲藕鸡汤

烹饪时间 / 约42分钟　口味 / 鲜　功效 / 降压降糖　适合人群 / 糖尿病患者

原料

水发黑豆100克，鸡肉300克，莲藕180克，姜片少许。

调料

盐、鸡粉各少许，料酒5毫升。

营养分析

黑豆含蛋白质、不饱和脂肪酸、磷脂、钙、磷、铁、钾、胡萝卜素、B族维生素、胆碱、大豆异黄酮、皂苷等。糖尿病患者常食黑豆，可促进体内糖类物质的代谢，对保持血糖稳定有一定的帮助。

制作指导

煮汤前最好先将黑豆泡软，这样可以缩短烹饪时间。

相宜相克

- 黑豆+牛奶（有利于维生素B_{12}的吸收）
- 黑豆+橙子（营养更丰富）

做法

1. 将洗净去皮的莲藕切成丁，洗好的鸡肉切开，再斩成小块。
2. 锅中注水烧开，倒入鸡块，去除血水后捞出，沥干水分，待用。
3. 砂锅中注水烧开，放入姜片，倒入汆过水的鸡块，放入洗好的黑豆。
4. 再倒入藕丁，淋入少许料酒，煮沸后用小火炖煮约40分钟，至食材熟透。
5. 加入少许盐、鸡粉搅匀调味，续煮一会儿，至食材入味。
6. 关火后盛出煮好的鸡汤，装入汤碗中即成。

菠菜鸡胗汤

烹饪时间 / 约3分钟　口味 / 鲜　功效 / 开胃消食　适合人群 / 一般人群

原料

菠菜100克，鸡胗150克，金针菇100克，姜片少许。

调料

盐4克，鸡粉4克，胡椒粉、料酒、水淀粉、食用油各适量。

·营养分析·

菠菜中的蛋白质含量高于其他蔬菜，且含有较多的叶绿素，其维生素K的含量在叶菜类中最高，能滋阴润燥，通利肠胃、补血止血，对肠胃失调、口渴思饮、贫血、高血压等症，均有一定食疗功效。

制作指导

鸡胗先放入沸水中汆煮片刻，再切块腌渍，能更好地去除腥味。

相宜相克

- ✓ 菠菜+猪肝（防治贫血）
- ✓ 菠菜+鸡血（保肝护肾）
- ✗ 菠菜+牛肉（降低营养价值）
- ✗ 菠菜+黄豆（损害牙齿）

做法

1. 将洗净的金针菇切去老茎，菠菜洗净切段；鸡胗洗净切小块。
2. 将鸡胗装入碗中，加入料酒、盐、鸡粉拌匀。
3. 倒入适量水淀粉，抓匀，腌10分钟。
4. 锅中注水烧开，加入盐、鸡粉，倒入金针菇、姜片。
5. 再加入适量的食用油，撒入胡椒粉，入鸡胗，大火煮沸至熟。
6. 倒入菠菜，搅匀至熟软，盛出装碗即成。

豆芽鸡肝汤

烹饪时间 / 约2分钟　口味 / 鲜　功效 / 清热解毒　适合人群 / 一般人群

原料

绿豆芽80克，鸡肝90克，鸡心10克，姜片、葱花各少许。

调料

盐4克，鸡粉3克，料酒、芝麻油、食用油各适量。

·营养分析·

绿豆芽富含纤维素，能预防消化道癌症，还能清除血管壁中堆积的胆固醇和脂肪，防止心血管疾病。经常食用绿豆芽可清热解毒，除湿，解酒毒和热毒。

制作指导

绿豆芽下锅后，适当加些醋，可减少维生素C的流失。

相宜相克

- ✓ 鸡肝+大米（辅助治疗贫血及夜盲症）
- ✓ 鸡肝+丝瓜（补血养颜）
- ✗ 鸡肝+芥菜（降低营养价值）
- ✗ 鸡肝+香椿（降低营养价值）

做法

1. 处理干净的鸡肝切成片，鸡心切成片。
2. 鸡肝、鸡心片装入碗中，加入少许盐、鸡粉，淋入少许料酒，用手抓匀，再倒入少许食用油，腌10分钟。
3. 锅中注水烧开，倒入少许食用油，放入姜片和洗好的绿豆芽。
4. 在锅中加入适量盐、鸡粉，拌匀调味。
5. 放入腌好的鸡肝、鸡心拌匀煮沸，淋入少许芝麻油，撇去浮沫。
6. 在锅中撒入少许葱花，搅拌均匀，盛出装入汤碗中即成。

木瓜花生煲鸡爪 

烹饪时间 / 约47分钟　口味 / 鲜　功效 / 提神醒脑　适合人群 / 产妇

原料

木瓜250克，鸡爪180克，水发花生米150克，姜片15克。

调料

盐、鸡粉各少许，米酒5毫升。

营养分析

花生含有丰富的脂肪、蛋白质、维生素B_1、维生素B_2、烟酸等成分。此外，花生的矿物质含量也很丰富。

制作指导

花生要尽量煮熟透，否则会影响消化，也会影响汤汁的口感。

相宜相克

- ✓ 木瓜+牛奶（明目清热）
- ✓ 木瓜+香菇（降压降脂）
- ✗ 木瓜+胡萝卜（破坏木瓜中的维生素C）
- ✗ 木瓜+南瓜（降低营养价值）

做法

1. 把洗净去皮的木瓜切成丁。
2. 洗净的鸡爪剁去爪尖。
3. 砂锅中注水烧开，放入鸡爪，倒入洗净的花生米，淋入少许米酒煮沸。
4. 撒入姜片，转小火煮约30分钟，倒入木瓜丁，小火续煮约15分钟。
5. 调入盐、鸡粉，拌至入味。
6. 关火后盛出煮好的汤即成。

冬笋煲鸭

烹饪时间 / 约62分钟　口味 / 鲜　功效 / 防癌抗癌　适合人群 / 一般人群

原料

冬笋300克，鸭肉400克，姜片少许。

调料

盐5克，鸡粉2克，胡椒粉少许，料酒适量。

·营养分析·

冬笋富有营养价值并具备食疗功能，质嫩味鲜，清脆爽口，含有蛋白质和钙、多种氨基酸、维生素，以及铁等微量元素，还富含纤维素，能促进肠道蠕动，既有助于消化，又能预防便秘和结肠癌的发生。

制作指导

焯煮冬笋时，可以加入少许食用小苏打粉，能有效去除其中的草酸等有害物质。

相宜相克

- ✓ 鸭肉+金银花（滋润肌肤）
- ✓ 鸭肉+干贝（提供丰富的蛋白质）
- ✗ 鸭肉+桑椹（易导致胃痛、消化不良）

做法

1. 把去皮洗净的冬笋切成小块。
2. 鸭肉洗净斩成小块。
3. 锅中注水煮沸，放入冬笋块，去除杂质，将冬笋捞出，沥干备用。
4. 倒入鸭肉块，汆去血渍，将鸭肉块捞出，沥干备用。
5. 砂煲注水烧开，倒入鸭肉、冬笋、姜片，淋上少许料酒，煮沸。
6. 转小火，煮60分钟至熟软，加盐、鸡粉、胡椒粉，拌匀，撇去浮沫即可。

青螺炖老鸭 

烹饪时间 / 约70分钟　口味 / 鲜　功效 / 保肝护肾　适合人群 / 男性

原料

鸭肉250克，螺肉150克，火腿30克，姜片20克，鲜香菇、葱段各少许。

调料

盐、白糖、料酒、胡椒粉各适量。

·营养分析·

螺肉素有“盘中明珠”的美誉。它富含蛋白蛋、维生素和人体必需的氨基酸和微量元素，是典型的高蛋白、低脂肪、高钙质的天然动物性保健食品。

制作指导

在食用螺类时为防止病菌和寄生虫感染，一定要煮透，一般煮10分钟以上再食用为佳。

相宜相克

- ✓ 田螺+葱（清热解酒）
- ✓ 田螺+白菜（补肝肾、清热毒）
- ✗ 田螺+枸杞（降低营养）
- ✗ 田螺+柿子（影响消化）

做法

1. 鸭肉洗净，斩块装盘。
2. 锅中煮水烧开，倒入鸭块、螺肉，氽煮至断生后捞出。
3. 锅中烧适量清水，倒入鸭块和螺肉。
4. 再加入火腿片、姜片、鲜香菇、葱白煮沸，淋入少许料酒烧开。
5. 将锅中材料放入炖盅，加盖，炖约1小时。
6. 炖好后，加盐、白糖调味，撒入葱段、胡椒粉即成。

茶树菇炖老鸭

烹饪时间 / 约70分钟　口味 / 鲜　功效 / 养心润肺　适合人群 / 老年人

原料

鸭肉300克，茶树菇30克，姜片少许。

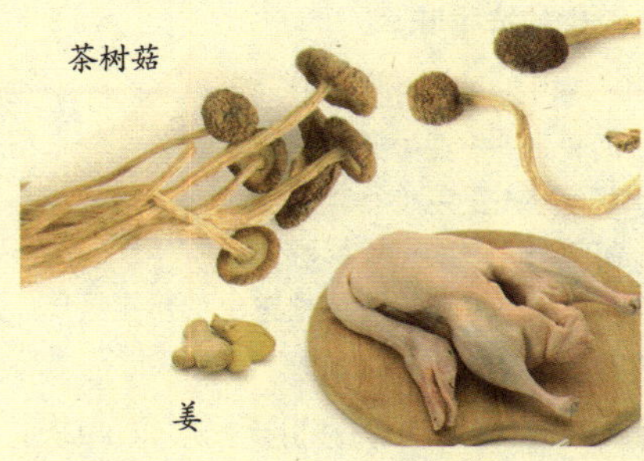

调料

盐3克，鸡粉、料酒各适量。

营养分析

鸭肉是适合冬季进补的优良食品，营养价值很高。其富含蛋白质、脂肪、碳水化合物、维生素A及磷、钾等矿物质，具有补肾、消水肿、止咳化痰的功效。

制作指导

鸭肉剁成块汆水后要尽可能撇去浮沫和血渍，再用清水洗净，否则会影响汤汁的美观和口感。

相宜相克

- ✓ 茶树菇+猪骨（增强免疫力）
- ✓ 茶树菇+鸡肉（增强免疫力）
- ✗ 茶树菇+酒（对身体不利）
- ✗ 茶树菇+鹌鹑（降低营养价值）

做法

1. 茶树菇洗净去根切段，鸭肉洗净斩块。
2. 锅中加水烧开，入鸭块，汆煮至断生，捞出。
3. 锅置旺火，注油烧热，入姜片爆香。
4. 入鸭块，加料酒炒香，加足量清水，加盖煮沸，揭盖倒入茶树菇。
5. 将锅中材料倒入砂煲中，用大火烧开，转小火炖1小时。
6. 揭盖，去浮沫，加盐、鸡粉调味，盛入汤碗即可。

陈皮老鸭汤

烹饪时间 / 约35分钟　口味 / 鲜　功效 / 养心润肺　适合人群 / 女性

原料

鸭肉200克，胡萝卜80克，红枣3克，水发陈皮6克，姜片5克，高汤适量。

调料

盐3克，味精1克，料酒、食用油各适量。

营养分析

胡萝卜含较多的胡萝卜素、糖、钙等营养物质，具有促进机体正常生长、防止呼吸道感染、保护视力、健脾化滞、降血糖、杀菌等功能，可辅助治疗消化不良、久痢、咳嗽、眼疾等。

制作指导

炖鸭肉时，加几片火腿或腊肉，可增加鸭肉的鲜香味。

相宜相克

- ✓ 胡萝卜+香菜（开胃消食）
- ✓ 胡萝卜+豆芽（排毒瘦身）
- ✗ 胡萝卜+酒（损害肝脏）
- ✗ 胡萝卜+柠檬（破坏柠檬中的维生素C）

做法

1. 鸭肉洗净斩成小块，胡萝卜洗净切成块。
2. 锅中加适量清水烧开，倒入鸭块，汆去血水，捞出沥水。
3. 热锅注油，倒入鸭块，淋入料酒，用大火炒出香味。
4. 放入姜片，炒匀，倒入高汤。
5. 放入陈皮、红枣、胡萝卜块，拌煮片刻，将锅中材料转至砂煲中。
6. 砂煲置于火上，大火烧开，转小火炖30分钟，加盐、味精调味，盛出即成。

黄芪党参水鸭汤

烹饪时间 / 约90分钟　口味 / 鲜　功效 / 益气养血　适合人群 / 女性

原料

鸭肉300克，黄芪、党参各10克，姜片、枸杞各少许。

调料

盐3克，鸡粉3克，料酒适量。

·营养分析·

鸭肉含蛋白质、脂肪、无机盐及铁、铜、锌等微量元素，具有滋五脏之阴、清虚劳之热、补血行水、养胃生津等功效。经常食用鸭肉，除能补充人体必需的多种营养成分外，还对低烧、食少、口干、水肿等症有很好的食疗功效。

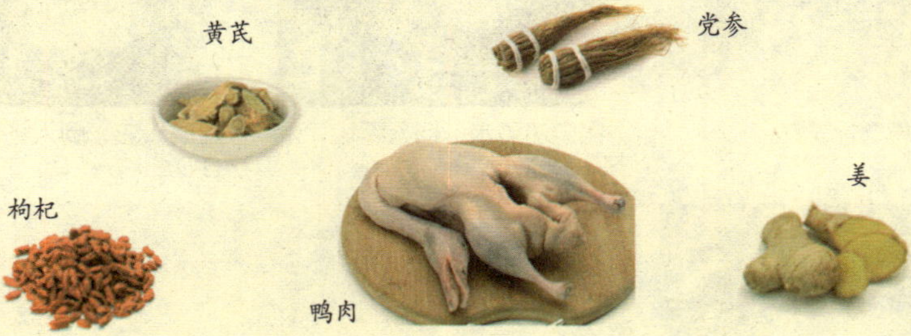

黄芪

党参

姜

枸杞

鸭肉

相宜相克

✅黄芪+猪肝（补气、养肝、通乳）

✅黄芪+银耳（可作为白细胞减少症患者的食疗方）

❎黄芪+茶（破坏药材中的成分）

制作指导

鸭肉先用少许白酒和盐抓匀，腌10分钟，不仅能有效去除鸭肉的腥味，还能为汤品增香。

做法

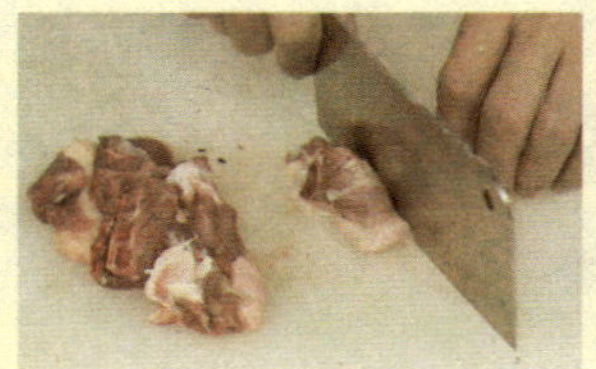

①洗净的鸭肉斩成块。

②锅中加清水，倒入鸭块，汆去血水后捞出。

③起锅热油，倒入鸭块，淋入料酒炒香。

④加入适量清水烧开。

⑤将鸭块捞出，盛入内锅。

⑥放入洗净的枸杞、姜片和准备好的药材。

⑦加少许料酒，倒入适量汤汁。

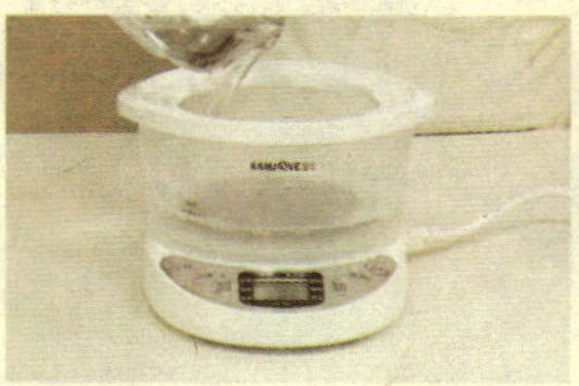

⑧取隔水炖锅，倒入适量清水，水量不要超过最高水位线。

⑨放入盛有鸭块的炖盅。

⑩盖上盅盖，慢炖1.5小时。如果选用普通汤锅，可适当缩短时间，炖煮约40分钟即可。

⑪揭盖，加盐、鸡粉拌匀调味即可。

⑫端出即可食用。

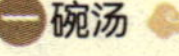

酸萝卜老鸭汤

烹饪时间 / 约62分钟　口味 / 清淡　功效 / 增强免疫力　适合人群 / 糖尿病患者

原料

老鸭500克，酸萝卜200克，生姜40克，花椒10克。

调料

盐3克，鸡粉2克，料酒8毫升。

·营养分析·

鸭肉富含蛋白质、B族维生素、维生素E及铁、铜、锌等微量元素，有养胃滋阴、清肺解热的作用。糖尿病患者食用鸭肉，可预防糖尿病引发的心血管疾病。

制作指导

将酸萝卜浸入清水中泡一会儿，能减轻其酸味。

相宜相克

- ✓ 白萝卜+金针菇（可防治消化不良）
- ✓ 白萝卜+猪肉（消食、除胀、通便）
- ✗ 白萝卜+橘子（易诱发甲状腺肿大）
- ✗ 白萝卜+黄瓜（破坏维生素C）

做法

1. 将洗净去皮的生姜切片，老鸭切块。
2. 锅中注入适量清水烧开，倒入洗净的鸭肉搅拌匀，淋入少许料酒提味，大火煮沸，去除血渍，再捞出鸭肉。
3. 砂锅中注入适量清水烧开，放入洗净的花椒，倒入鸭肉，撒上姜片，淋入少许料酒提味。
4. 盖上盖，煮沸后用小火炖煮约40分钟，揭开盖，倒入酸萝卜搅拌匀，盖上盖，用小火续煮约20分钟，至食材熟透。
5. 揭开盖，加入少许盐、鸡粉，拌匀调味，续煮一小会儿，至汤汁入味即成。

西红柿鸭肝汤

烹饪时间 / 约15分钟　口味 / 鲜　功效 / 保肝护肾　适合人群 / 男性

原料

西红柿100克，鸭肝150克，姜丝、葱花各少许。

调料

盐4克，鸡粉3克，胡椒粉2克，料酒、食用油各少许。

·营养分析·

西红柿的营养价值很高，富含维生素、胡萝卜素、钙、磷、钾、镁、铁、锌、铜等成分。此外，西红柿的抗氧化剂含量也很丰富，可防止自由基对皮肤的破坏，具有美容抗皱的功效。

制作指导

腌渍鸭肝前将其水分沥干，可将鸭肝的腥味去除得更彻底。

相宜相克

- ✓ 西红柿+鸡蛋（健脑益智）
- ✓ 西红柿+酸奶（补虚降脂）
- ✗ 西红柿+鱼肉（抑制营养成分的吸收）
- ✗ 西红柿+虾（对身体不利）

做法

1. 洗净的西红柿切成小瓣，处理干净的鸭肝切成片放入碗中。
2. 碗中加入少许盐、鸡粉、料酒拌匀，腌10分钟。
3. 锅中加水烧开，倒入食用油、西红柿、姜丝拌匀。
4. 加盖煮沸后用中火煮约2分钟，取下盖子，倒入鸭肝煮至断生。
5. 加鸡粉、盐、胡椒粉，转大火煮约1分钟至鸭肝熟透撇去浮沫。
6. 盛出煮好的汤料，撒上葱花即成。

冬笋鸭肠玉米汤

烹饪时间 / 约22分钟　口味 / 鲜　功效 / 开胃消食　适合人群 / 一般人群

原料

冬笋100克，玉米150克，熟鸭肠100克，姜片10克，葱段少许。

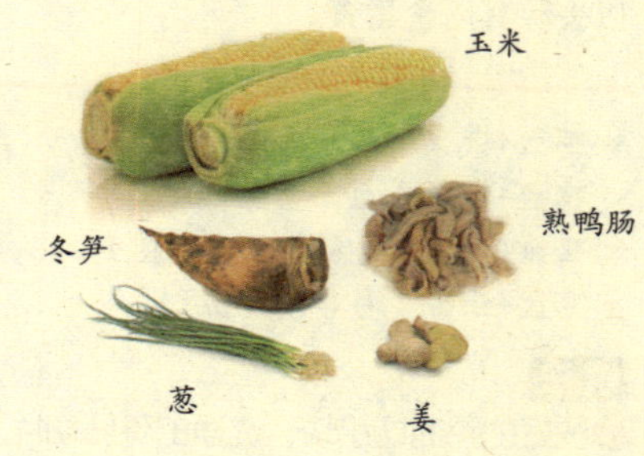

调料

盐3克，鸡粉2克，料酒、胡椒粉各适量。

营养分析

玉米富含蛋白质、钙、磷、铁、硒、胡萝卜素、维生素E，有开胃活血、益智宁心、调理中气等功效。

制作指导

玉米炖煮的时间越长，其抗衰老的作用越显著，所以，玉米可以适当地多煮一段时间。

相宜相克

- ✓ 玉米+花菜（健脾益胃、助消化）
- ✓ 玉米+大豆（营养更均衡）
- ✗ 玉米+田螺（易引起中毒）
- ✗ 玉米+红薯（易造成腹胀）

做法

1. 将洗净的冬笋切成小块，洗好的玉米切成段，熟鸭肠切成段。
2. 砂锅加水烧开，放入姜片、玉米、冬笋块、鸭肠段。
3. 淋入少许料酒，搅拌均匀。
4. 盖上盖，烧开后用小火煮20分钟。
5. 揭开盖，加入适量盐、鸡粉、胡椒粉拌匀调味。
6. 装入碗中，撒上葱段即成。

鸭血粉丝汤

烹饪时间 / 约4分钟　口味 / 鲜　功效 / 清热解毒　适合人群 / 一般人群

原料

鸭肝180克，鸭血300克，水发粉丝300克，姜片、葱花各少许。

调料

盐3克，鸡粉2克，芝麻油3毫升，胡椒粉、食用油各适量。

营养分析

鸭血含有丰富的蛋白质及多种人体不能合成的氨基酸，还含有铁等微量元素和多种维生素，有补血的作用。

制作指导

烹饪鸭肝前，先将鸭肝放在水龙头下冲洗几分钟，然后放入清水中浸泡，以去除其所含毒素。

相宜相克

- ✓鸭血+菠菜（润肠通便）
- ✓鸭血+葱（生血、止血）
- ✗鸭血+黄豆（易引起消化不良）
- ✗鸭血+海带（易导致便秘）

做法

1. 洗好的鸭血切小块，洗净的鸭肝切片。
2. 锅中加水烧开，倒入食用油、姜片、鸭血、鸭肝拌匀。
3. 盖上盖，烧开后转小火煮约2分钟。
4. 揭开盖，加入适量盐、鸡粉、胡椒粉、芝麻油，拌匀。
5. 放入粉丝，搅拌均匀，转大火煮沸。
6. 把煮好的汤盛出，再撒上葱花即可。

裙带菜鸭血汤

烹饪时间 / 约4分钟　口味 / 鲜　功效 / 补铁　适合人群 / 婴幼儿

原料

鸭血180克，圣女果40克，裙带菜50克，姜末、葱花各少许。

调料

鸡粉2克，盐2克，胡椒粉少许，食用油适量。

·营养分析·

鸭血营养丰富，口感鲜嫩，富含铁、钙等矿物质，有补血和清热解毒的作用。婴幼儿适量食用鸭血，不仅有补铁的作用，还能预防缺铁性贫血。

裙带菜 　圣女果 　鸭血

葱 　姜

相宜相克

✔ 圣女果+蜂蜜（补血养颜）
✔ 圣女果+鸡蛋（抗衰防老）
✔ 圣女果+山楂（降血压）
✔ 圣女果+酸奶（补虚降脂）

✖ 圣女果+南瓜（降低营养价值）
✖ 圣女果+红薯（易引起呕吐）
✖ 圣女果+猕猴桃（降低营养价值）
✖ 圣女果+虾（对身体不利）

制作指导

鸭血不宜用大火烹煮，以免将鸭血煮老。

做法

①将圣女果洗净切小块，裙带菜洗净切丝，鸭血洗净切小块。

②锅中注入适量清水烧开，倒入切好的鸭血，搅拌匀。

③煮约半分钟汆去血渍，断生后捞出，沥干水分，待用。

④起锅热油，下入姜末，用大火爆香。

⑤倒入切好的圣女果，快速翻炒几下。

⑥撒上裙带菜丝，拌炒匀，再煮片刻至食材析出水分。

⑦注入适量清水，搅拌匀。

⑧加入少许鸡粉、盐，用中火拌煮至汤汁沸腾。

⑨待盐分溶化后倒入鸭血块，轻轻搅动。

⑩再撒上少许胡椒粉。

⑪续煮2分钟至全部食材熟透。

⑫关火后盛出煮好的鸭血汤，撒上葱花即可。

鸭血豆腐汤

烹饪时间 / 约5分钟　口味 / 鲜　功效 / 开胃消食　适合人群 / 老年人

原料

鸭血250克，豆腐180克，姜片、葱花各少许。

调料

鸡粉2克，盐、胡椒粉、食用油各适量。

·营养分析·

豆腐营养丰富，含有铁、钙、磷、镁等人体必需的微量元素，还含有丰富的优质蛋白，可补中益气、清热润燥、生津止渴。老年人常食豆腐，可以清洁肠胃、促进消化。

制作指导

煮制豆腐时，要控制好时间和火候，以免将豆腐煮碎。

相宜相克

- ✓豆腐+鱼（补钙）
- ✓豆腐+姜（润肺止咳）
- ✗豆腐+蜂蜜（易导致腹泻）
- ✗豆腐+鸡蛋（影响蛋白质的吸收）

做法

1. 将洗好的豆腐切成小方块。
2. 洗净的鸭血切成小方块。
3. 锅中加水烧开，放入盐、豆腐煮约1分钟捞出，备用。
4. 另起锅加水烧开，倒入食用油、姜片、盐、鸡粉。
5. 加入切好的鸭血、胡椒粉、豆腐，转中火煮2分钟。
6. 揭开盖，搅拌匀，略煮片刻，把煮好的汤盛入汤碗中，撒上葱花即可。

玉竹党参炖乳鸽

烹饪时间 / 约130分钟　口味 / 鲜　功效 / 增强免疫力　适合人群 / 一般人群

原料

乳鸽肉120克，玉竹8克，党参6克，红枣5克，熟枸杞3克，生姜8克，高汤适量。

调料

盐、料酒各适量。

·营养分析·

鸽肉富含蛋白质和少量无机盐等营养成分，易于消化，具有补中益气、祛风解毒等功效，对病后体弱、头晕神疲、记忆力衰退有很好的补益作用。党参具有增强免疫力、降血压的作用。

制作指导

药材在煲汤前，要先清洗干净，乳鸽则要漂净血水，以保证炖好的汤色泽清透，味道纯正。

相宜相克

✓ 红枣+人参（气血双补）

✓ 红枣+大米（健脾胃，补气血）

✗ 红枣+螃蟹（易导致寒热病）

做法

1. 乳鸽处理好，清洗干净，斩成块，各种药材用清水洗净。
2. 锅中加水，大火烧开，放入乳鸽汆煮约2分钟至断生，沥干水分捞出。
3. 把乳鸽和所有药材一起放入汤盅。
4. 另起锅，倒入高汤，加上盐，洒入料酒，搅拌均匀，制成汤汁。
5. 把汤汁舀入汤盅，盖上盖，转至蒸锅内，用慢火炖2小时至入味。
6. 蒸煮熟透后，取出汤盅，撒入备好的熟枸杞即成。

天麻乳鸽汤

烹饪时间 / 约70分钟　口味 / 鲜　功效 / 益气补血　适合人群 / 一般人

原料

乳鸽1只，天麻15克，黄芪、桂圆、党参、人参、姜片、枸杞、红枣、陈皮各少许，高汤适量。

调料

盐、鸡粉、料酒各适量。

营养分析

天麻具有补脑安神、降血压的功效。乳鸽营养丰富，富含蛋白质、钙、铁、铜等微量元素及维生素，具有益气补血、清热解毒、生津止渴等功效。两者搭配炖汤，可以调节大脑神经系统，缓解压力，改善睡眠等。

制作指导

乳鸽在煲汤前，放入热水锅中汆去肉中残留的血水，可使煲出的汤品色正味纯。

相宜相克

✓乳鸽+螃蟹（滋肾益气、散结止痛）

✗乳鸽+猪肝（使皮肤出现色素沉淀）

做法

1. 乳鸽宰杀处理干净，斩成块。
2. 锅中注水烧开，倒入处理好的乳鸽，汆煮约3分钟至断生后捞出，洗净备用。
3. 将洗净的乳鸽放入炖盅内，再放入其余的药材配料。
4. 将高汤倒入另外的锅中烧开，加入盐、鸡粉，加入料酒调味。
5. 将调好味的高汤舀入炖盅内，盖好炖盅盖子。
6. 在炖锅中加入适量清水，放入炖盅，加盖炖1小时后取出即成。

雪梨无花果鹧鸪汤

烹饪时间 / 约57分钟　口味 / 鲜　功效 / 养心润肺　适合人群 / 高血压患者

原料

雪梨1个，鹧鸪200克，无花果20克，姜片少许。

调料

盐、鸡粉各2克，料酒4毫升。

·营养分析·

雪梨含苹果酸、柠檬酸、维生素B_1、维生素B_2、维生素C、胡萝卜素，具有生津润燥、清热化痰、降血压、养阴清热的功效，适合高血压、肝炎、肝硬化患者食用。

制作指导

洗净的无花果拍开，可使煮出的汤汁更有营养。

相宜相克

- ✓ 无花果+板栗（强腰健骨、消除疲劳）
- ✗ 无花果+螃蟹（易引起腹泻、损伤肠胃）
- ✗ 无花果+蛤蜊（易引起腹泻）

做法

1. 洗净去皮的雪梨去核切成小块，洗净的鹧鸪切成小块。
2. 锅中加水烧开，倒入鹧鸪块，汆煮，去除血渍后捞出，沥干水分，待用。
3. 砂锅中注水烧开，放入洗净的无花果、姜片，倒入鹧鸪块，淋入少许料酒。
4. 盖上盖，烧开后用小火炖煮约40分钟至食材熟软。
5. 揭开盖，倒入雪梨块，盖上盖，续煮约15分钟，至全部食材熟透。
6. 取下盖子，加入盐、鸡粉，搅匀调味，略煮片刻，至汤汁入味即可。